课题项目：以强化实践能力为导向的 "2+
模式研究项目编号: rcpy202005

数字信号
处理及应用研究

郭俊美／著

中国农业出版社
北　京

内容简介

数字信号处理是将信号以数字方式表示并处理的理论和技术。数字信号处理技术随着数字电路与系统技术以及计算机技术的发展而得到了迅速发展。

本书在多年的教学与科研基础上,比较全面、系统和准确地论述了数字信号处理基础理论。内容包括离散时间信号与系统、离散时间信号与系统的变换域分析、离散傅里叶变换及其快速算法、数字滤波器的基本结构、无限长冲激响应数字滤波器设计、有限长单位冲激响应数字滤波器设计、数字信号处理的应用等。

本书内容全面丰富、概念清晰,叙述深入浅出,着重于突出基础性、系统性、实用性和先进性,可作为从事数字信号处理专业及相近专业数字信号处理的科学研究工作者和工程技术人员的参考书。

前　言

　　信息化的基础是数字化，在已经进入信息时代的今天，人们所接触的信息——文本、图片、图像、声音等信号都是以离散化的数据来表征了。这些数据的处理往往要经过采集、存储和传输等几个基本步骤，其中数字信号处理技术发挥着重要作用。随着当今科学技术的迅速发展，信号处理技术作为数字化核心技术之一，已成为21世纪信息化时代打开电子信息科学的一把钥匙。

　　数字信号处理是将信号以数字方式表示并处理的理论和技术。广义上来说，是研究用数字方法对信号进行分析、变换、滤波、检测、调制、解调以及快速算法的一门技术学科。也有人认为，数字信号处理主要是研究有关数字滤波技术、离散变换快速算法和谱分析方法。

　　近年来，数字信号处理技术随着数字电路与系统技术以及计算机技术的发展而得到了迅速发展，数字信号处理的触角已经深入除常规电子、通信等信息应用之外的机械、自动化、图像、语音、电子对抗、仪器仪表等领域。数字信号处理主要应用于语音信号处理、图像信号处理、振动信号处理、地球物理信号处理、生物医学信号处理等方面。这一科学领域的每一个重大进步，必将影响到人类生活的方方面面。

　　为了适应数字信号处理新理论与新技术的迅猛发展，使数字信号处理研究与时俱进，满足相关领域人员的需要，作者根据从事多年数字信号处理的教学和研究心得编写本书，希望使读者获取数字信号处理的基础知识，并引导该领域深入地学习和研究。本书具有以下特点：

1. 内容深入浅出，逻辑性强，注重实用性，便于自学。

2. 理论与实践相结合。由于课程中涉及的基本概念和基本公式较多，且原理和方法比较抽象，不易理解和掌握，实践中，可以加深对将数字信号处理的具体理论的理解和认知。

3. 科学严谨。在写作过程中，充分注意到数字信号处理理论性强、抽象概念多，其中大量的理论和结论都是通过严密的数学推导得到的，对结论尽可能用文字予以表述，淡化理论推导，但不回避必要的推导。

本书在多年的教学与科研基础上，比较全面、系统和准确地论述了数字信号处理基础理论。全书共 7 章。第 1 章讨论离散时间信号与系统；第 2 章分析了离散时间信号与系统的变换域，以及几种重要的变化方法；第 3 章介绍了离散傅里叶变换及其快速算法；第 4 章主要以无限长冲激响应（IIR）滤波器、有限长冲激响应（FIR）滤波器为主阐述了数字滤波器的基本结构；第 5 章和第 6 章分别介绍第 4 章中提到的两种数字滤波器的设计；第 7 章重点讨论了数字信号处理在不同领域的一些应用。

本书在内容、例题等方面参考了一些书籍，一并在此向参考书籍的作者表示衷心的感谢！对在写作过程中给予帮助和大力支持的所有人，表示感谢。因作者的水平有限，难免有不足和疏漏之处，敬请读者指正和赐教。

作　者

2020 年 5 月

目　录

第 1 章
离散时间信号与系统

离散时间信号与系统的基本知识是学习数字信号处理的重要基础。在实际的应用中，许多离散信号或数字信号来自于对连续信号的采样，因而离散时间信号与系统的分析方法和连续时间信号及系统的分析方法均有相似之处。在学习离散时间信号与系统的时域分析方法时，应同连续时间信号与系统的时域分析方法联系起来，比较其异同，这样才能更好地掌握离散信号与系统的某些独特性能。

1.1　离散时间信号——序列

1.1.1　离散时间信号的定义

离散时间信号（以下简称离散信号）又称序列，用 $x(nT)$ 表示，它是离散时间系统的处理对象。序列是一个数组，定义在离散的时间点 nT（n 为任意整数，T 为采样间隔）上。这里设 $T=1$，序列 $x(n)$ 可以表示为

$$x = \{x(n)\},\ -\infty < n < +\infty \qquad (1-1-1)$$

离散信号 $x(n)$ 可以是自然产生的，也可以是连续信号的抽样。离散信号的时间函数只在某些不连续的时间值上给定函数值。$x(nT)$ 一般写作 $x(n)$，这样做不仅仅是为了书写方便，而且可以使分析方法具有更普遍的意义，可以同时表示不同取样间隔下的信号，而且离散变量可不限于时间变量。图 1-1-1 为一个有限长序列 $x(n)$ 的表示形式。

离散信号 $x(n)$ 可以用数学解析式、图形形式和序列形式等方式描述。如 $x(n) = \begin{cases} n, & 0 \leqslant n \leqslant 4 \\ 0, & 其他 \end{cases}$ 的图形形式如图 1-1-2 所示。其序列形式为

x（n）＝[0，1，2，3，4]，有"↑"表示起点 $n=0$。若序列任一边有无限大的范围，则用省略号表示。如：x（n）＝n（$n>0$），可写为 x（n）＝[0，1，2，3，4，…]。

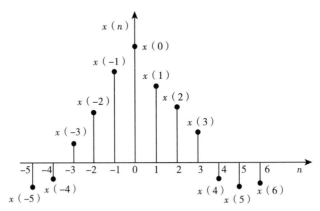

图 1-1-1　有限长序列的一般表示

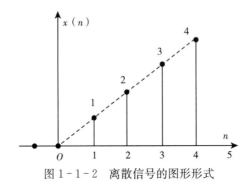

图 1-1-2　离散信号的图形形式

1.1.2　离散信号的分类

当 $n<M$ 时，x（n）＝0，则离散信号称为右边序列；当 $n>M$ 时，x（n）＝0，则离散信号称为左边序列；当 $n<0$ 时，x（n）＝0，则离散信号称为因果序列，因果信号是右边序列的特殊情况；当 $n>0$ 时，x（n）＝0，则离散信号称为反因果序列，反因果信号是左边序列信号的特殊情况；每隔 N 个采样点重复一次，即有 x（n）＝x（$n\pm mN$）（m＝1，2，3，…），N 为一个整数，是周期序列的最小周期。右边序列、因果序列、左边序列、反因果序列和周期序列都是无限长序列，分别如图 1-1-3（a）、（b）、（c）、（d）和图 1-1-4 所示。

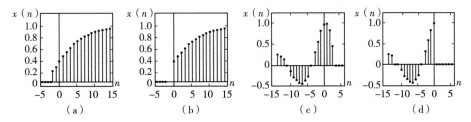

图 1-1-3 右边序列、因果序列、左边序列和反因果序列

(a) 右边序列 (b) 因果序列 (c) 左边序列 (d) 反因果序列

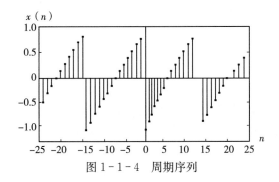

图 1-1-4 周期序列

$x(n)$ 定义在 $a<n<b$ 之间, 其中 a、b 为整数, 当 n 为其他值时, $x(n)=0$, 这种离散信号称为有限长序列, 如图 1-1-5 所示。

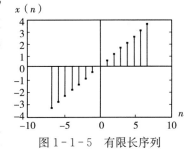

图 1-1-5 有限长序列

1.1.3 离散信号的能量与功率计算

与连续信号类似, 离散信号的能量定义为信号电压（或电流）消耗在 1Ω 电阻上的能量 E 为

$$E = \sum_{n=-\infty}^{\infty} |x(n)|^2 \qquad (1-1-2)$$

离散信号的功率定义为信号电压（或电流）在时间区间 $(-\infty, +\infty)$ 内消耗在 1Ω 电阻上的平均功率 P 为

$$P = \lim_{N \to \infty} \frac{1}{2N+1} \sum_{n=-N}^{N} |x(n)|^2 \qquad (1-1-3)$$

信号总能量为有限值而信号平均功率为零的信号即为能量信号, 信号平均功率为有限值而信号总能量为无限大的信号即为功率信号。直观上不难理解, 在时间间隔无限趋大的情况下, 周期信号都是功率信号; 只存在于有限时间内

的信号是能量信号；存在于无限时间内的非周期信号可以是能量信号，也可以是功率信号，这要根据具体信号而定。

1.2 常用序列及基本运算

1.2.1 几种常用序列

在离散时域中，有一些基本的离散时间信号，它们在离散时间信号与系统中起着重要的作用。下面给出一些典型的离散时间信号表达式和波形。

1.2.1.1 单位抽样序列 $\delta(n)$

单位抽样序列 $\delta(n)$ 定义为

$$\delta(n) = \begin{cases} 1, n = 0 \\ 0, n \neq 0 \end{cases} \qquad (1-2-1)$$

其波形如图 1-2-1（a）所示。$\delta(n)$ 也称为单位脉冲序列或单位样值序列。这是常用重要的序列之一，它在离散时间信号与系统的分析、综合中有着重要的作用，其地位犹如连续时间信号与系统中的单位冲激信号 $\delta(t)$。虽然 $\delta(t)$ 与 $\delta(n)$ 符号上一样，形式上 $\delta(n)$ 就像 $\delta(t)$ 的抽样，但它们之间存在本质的区别：$\delta(t)$ 在 $t=0$ 时，脉宽趋于零、幅值趋于无限大、面积为 1，是极限概念的信号，是现实中不可实现的一种信号，表示在极短时间内所产生的巨大"冲激"；而 $\delta(n)$ 在 $n=0$ 时，值为 1，是一个现实数序列。图 1-2-1（b）所示为 $\delta(n)$ 右移 3 个单位的信号 $\delta(n-3)$ 的波形。

显然，任意序列可以表示成单位抽样序列的移位加权和，即

$$x(n) = \sum_{m=-\infty}^{\infty} x(m)\delta(n-m)$$
$$= \cdots + x(-1)\delta(n+1) + x(0)\delta(n) + x(1)\delta(n-1) + \cdots$$

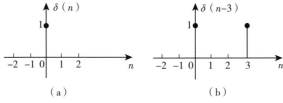

图 1-2-1 单位抽样序列及其移位

1.2.1.2 单位阶跃序列 $u(n)$

单位阶跃序列 $u(n)$ 定义为

$$u(n) = \begin{cases} 1, n \geq 0 \\ 0, n < 0 \end{cases} \qquad (1-2-2)$$

其波形如图 1-2-2 所示。它类似于连续时间信号与一系统中的单位阶跃信号 $u(t)$。但一般情况 $u(t)$ 在 $t=0$ 处没有定义，而 $u(n)$ 在 $n=0$ 时定义为 $u(0)=1$。

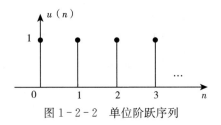

图 1-2-2 单位阶跃序列

用 $\delta(n)$ 及其移位来表示 $u(n)$，可得两者之间的关系为

$$u(n) = \delta(n) + \delta(n-1) + \delta(n-2) + \delta(n-3) + \cdots = \sum_{k=0}^{\infty} \delta(n-k)$$

$$(1-2-3)$$

反过来，$\delta(n)$ 可用 $u(n)$ 的后向差分来表示，即

$$\delta(n) = u(n) - u(n-1) \qquad (1-2-4)$$

可见，相对于连续时间信号与系统中单位冲激信号 $\delta(t)$ 与单位阶跃信号 $u(t)$ 之间的微分与积分关系，在离散时间系统中，单位抽样序列 $\delta(n)$ 与单位阶跃序列 $u(n)$ 之间是差分和求和关系。

由 $u(n)$ 的定义可知，若将序列 $x(n)$ 乘以 $u(n)$，即 $x(n)u(n)$，则相当于保留 $x(n)$ 序列 $n \geqslant 0$ 的部分，所得到的序列即为因果序列。

1.2.1.3 矩形序列 $R_N(n)$

矩形序列 $R_N(n)$ 定义为

$$R_N(n) = \begin{cases} 1, & 0 \leqslant n \leqslant N-1 \\ 0, & \text{其他} \end{cases} \qquad (1-2-5)$$

其波形如图 1-2-3 所示。显然，矩形序列与单位抽样序列、单位阶跃序列的关系为

$$R_N(n) = u(n) - u(n-N)$$

$$(1-2-6)$$

$$R_N(n) = \sum_{m=0}^{N-1} \delta(n-m)$$

$$(1-2-7)$$

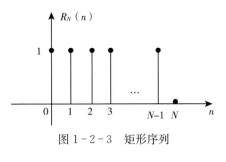

图 1-2-3 矩形序列

1.2.1.4 正弦序列

正弦序列表达式为

$$x(n) = A\sin(\omega_0 n + \varphi) \qquad (1-2-8)$$

式中，A 为幅度，φ 为初始相位，ω_0 为正弦序列的数字域频率。其波形如图 $1-2-4$ 所示。

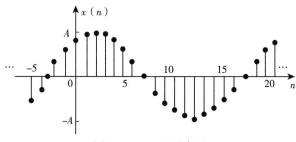

图 $1-2-4$　正弦序列

该信号可以看成对连续时间正弦信号进行抽样得到的。若连续正弦信号 x（t）为

$$x(t) = A\sin(\Omega_0 t + \varphi) = A\sin(2\pi f_0 t + \varphi)$$

式中，f_0 为信号（物理）频率，$\Omega_0 = 2\pi f_0$ 为模拟角频率，信号的周期 $T_0 = \dfrac{1}{f_0} = \dfrac{2\pi}{\Omega_0}$。

对 x（t）以抽样间隔 T_s 进行等间隔周期抽样得到离散信号 x（n），即

$$x(n) = x(t)|_{t=nT_s} = A\sin(\Omega n T_s + \varphi) = A\sin(\omega_0 t + \varphi)$$

由上述推导过程可知

$$\omega_0 = \Omega_0 T_s = \frac{2\pi f_0}{f_s} \qquad (1-2-9)$$

对于一般的信号有

$$\omega = \Omega T_s = \frac{2\pi f}{f_s} \qquad (1-2-10)$$

式（$1-2-10$）便是数字信号处理中的数字角频率 ω、模拟角频率 Ω 及物理频率 f 三者之间的关系。

1.2.1.5　实指数序列

实指数序列的表达式为

$$x(n) = a^n u(n) = \begin{cases} a^n, & n \geqslant 0 \\ 0, & n < 0 \end{cases} \qquad (1-2-11)$$

式中，a 为实数，由于 u（n）的作用，当 $n<0$ 时，x（n）$=0$。其波形特点：当 $|a|<1$ 时，序列收敛，如图 $1-2-5$（a）和图 $1-2-5$（c）所示；当 $|a|>1$ 时，序列发散，如图 $1-2-5$（b）和图 $1-2-5$（d）所示；从图 $1-2-5$（c）和图 $1-2-5$（d）可以看出，当 a 为负数时，序列值在正负之间

摆动。

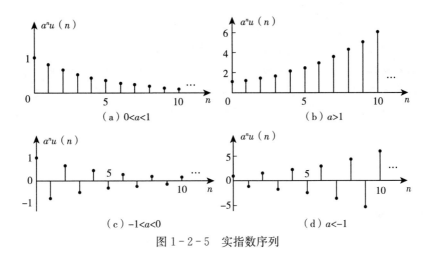

（a）$0<a<1$　　　　　　　（b）$a>1$

（c）$-1<a<0$　　　　　　　（d）$a<-1$

图 1-2-5　实指数序列

1.2.1.6　复指数序列

复指数序列的表达式为

$$x(n) = \mathrm{e}^{(\sigma+\mathrm{j}\omega_0)n} \qquad (1-2-12)$$

其指数是复数（或纯虚数），用欧拉公式展开后，得到

$$x(n) = \mathrm{e}^{\sigma n}\cos\omega_0 n + \mathrm{j}\mathrm{e}^{\sigma n}\sin\omega_0 n \qquad (1-2-13)$$

式中，ω_0 为复正弦序列的数字域频率，σ 表征了该复正弦序列的幅度变化情况。其实部和虚部的波形如图 1-2-6 所示。

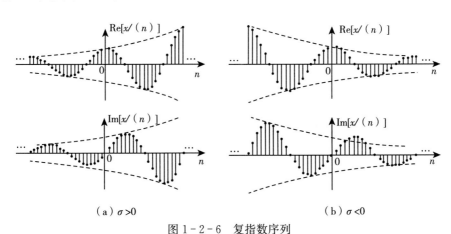

（a）$\sigma>0$　　　　　　　（b）$\sigma<0$

图 1-2-6　复指数序列

复指数序列表示成极坐标形式为

$$x(n) = |x(n)|\mathrm{e}^{\mathrm{j}\arg[x(n)]} = \mathrm{e}^{\sigma n}\mathrm{e}^{\mathrm{j}\omega_0 n} \qquad (1-2-14)$$

式中，$|x(n)| = \mathrm{e}^{\sigma n}$，$\arg[x(n)] = \omega_0 n$。

1.2.2　序列的基本运算

序列的运算包括相加、乘积、差分、累加、卷积和及变换自变量（移位、反褶和尺度变换等）。下面简单介绍几种常用的运算。

（1）移位

设某一序列 $x(n)$，当 m 为正时，$x(n-m)$ 指原序列 $x(n)$ 逐项依次延时（右移）m 位；而 $x(n+m)$ 则指 $x(n)$ 逐项依次超前（左移）m 位，这里 m 为整数。当 m 为负时，正好相反。

例 1-2-1　已知序列 $x(n)=\begin{cases}\dfrac{1}{3}\left(\dfrac{1}{3}\right)^{n}, & n\geqslant-1 \\ 0, & n<-1\end{cases}$，则

$$x(n+1)=\begin{cases}\dfrac{1}{9}\left(\dfrac{1}{3}\right)^{n}, & n\geqslant-2 \\ 0, & n<-2\end{cases}$$

$$x(n-1)=\begin{cases}\left(\dfrac{1}{3}\right)^{n}, & n\geqslant0 \\ 0, & n<0\end{cases}$$

移位运算如图 1-2-7 所示。从图中可以看出，一个非因果的右边序列可以通过移位变成因果信号，反之亦然。序列移位可以理解成序列幅值不变，序列号增加或减少的过程。

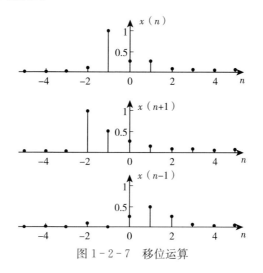

图 1-2-7　移位运算

（2）反褶

若有序列 $x(n)$，定义 $x(-n)$ 为对 $x(n)$ 的反褶信号，此时 $x(-n)$ 的波形相当于将 $x(n)$ 的波形以 $n=0$ 为轴翻转得到。

例 1 - 2 - 2　已知序列 $x(n) = \begin{cases} (\frac{1}{3})^n, & n \geqslant -1 \\ 0, & n < -1 \end{cases}$，则：$x(-n) =$

$\begin{cases} \frac{1}{3}(\frac{1}{3})^{-n}, & n \leqslant 1 \\ 0, & n > 1 \end{cases}$，$x(n)$ 及 $x(-n)$ 如图 1 - 2 - 8 所示。

与移位过程类似，序列反褶可以理解成序列幅值不变，序列号取相反数。

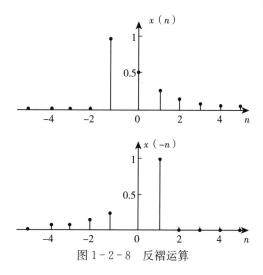

图 1 - 2 - 8　反褶运算

（3）序列的加、减

两序列的加、减指同序号（n）的序列值逐项对应相加、减而构成一个新的序列，表示为

$$z(n) = x(n) \pm y(n) \qquad (1 - 2 - 15)$$

（4）乘积

两序列的乘积指同序号（n）的序列值逐项对应相乘而构成一个新的序列，表示为

$$z(n) = x(n)y(n) \qquad (1 - 2 - 16)$$

（5）累加

序列 $x(n)$ 的累加运算定义为

$$y(n) = \sum_{k=-\infty}^{n} x(k) \qquad (1 - 2 - 17)$$

$$X(z) = \sum_{n=0}^{N-1} \left[\frac{1}{N} \sum_{k=0}^{N-1} X(k) W_N^{-kn} \right] z^{-n}$$

该定义表示序列 $y(n)$ 在 n 时刻的值等于 n 时刻的 $x(n)$ 值及 n 时刻以前所有 $x(n)$ 值的累加和。序列的累加运算类似于连续信号的积分运算。

（6）差分运算

序列 $x(n)$ 的一阶前向差分 $\Delta x(n)$ 定义为

$$\Delta x(n) = x(n+1) - x(n) \qquad (1-2-18)$$

式中，Δ 表示前向差分算子。

一阶后向差分定义为

$$\nabla x(n) = x(n) - x(n-1) \qquad (1-2-19)$$

式中，∇ 表示后向差分算子。

由式（1-2-18）和式（1.1.19）可以得出：前向差分和后向差分运算可相互转换，即 $\Delta x(n-1) = \nabla x(n)$。

（7）时间尺度变换

序列的尺度变换包括抽取和插值两类。给定序列 $x(n)$，令 $y(n) = x(Dn)$，D 为正整数，称 $y(n)$ 是由 $x(n)$ 进行 D 倍的抽取所产生的，即从 $x(n)$ 中每隔 $D-1$ 点取 1 点。令 $y(n) = x(n/I)$，I 为正整数，称 $y(n)$ 是由 $x(n)$ 进行 I 倍的插值所产生的。序列的抽取和插值如图 1-2-9 所示。

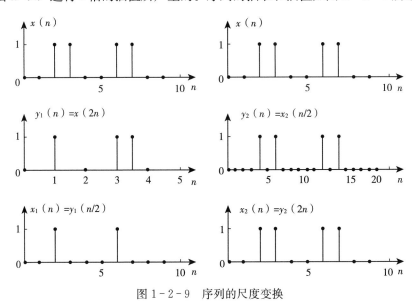

图 1-2-9 序列的尺度变换

在图 1-2-9 中，进行抽取运算时，每 2 点（每隔 1 点）取 1 点；进行插值运算时，每 2 点之间插入 1 点，插入值是 0。

1.3 线性移不变离散系统

数字信号处理就是将输入序列变换为所要求的输出序列的过程，我们就将输入序列变换为输出序列的算法或设备称为离散时间系统。一个离散时间系统，可以抽象为一种变换，或者一种映射，即把输入序列 $x(n)$ 变换为输出序列 $y(n)$。

$$y(n) = T[x(n)] \qquad (1-3-1)$$

式中，T 代表变换。一个离散时间系统的输入输出关系可用图 $1-3-1$ 表示。

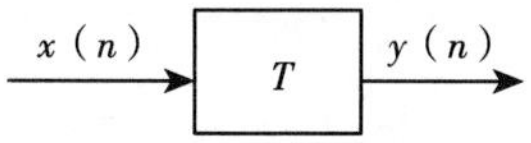

$$\xrightarrow{x(n)}\ \boxed{T}\ \xrightarrow{y(n)}$$

图 $1-3-1$　离散时间系统框架

1.3.1　线性系统

满足均匀性与叠加性的离散时间系统称为离散时间线性系统。若输入序列为 $x_1(n)$ 与 $x_2(n)$，它们对应的输出序列分别为 $y_1(n)$ 与 $y_2(n)$，即

$$y_1(n) = T[x_1(n)], y_2(n) = T[x_2(n)]$$

假设当输入 $x(n) = ax_1(n) + bx_2(n)$ 时，系统的输出 $y(n)$ 满足下式。

$$
\begin{aligned}
y(n) &= T[x(n)] \\
&= T[ax_1(n) + bx_2(n)] \\
&= aT[x_1(n)] + bT[x_2(n)] \\
&= ay_1(n) + by_2(n) \qquad (1-3-2)
\end{aligned}
$$

该系统即线性系统。式（$1-3-2$）中 a、b 为任意常数，说明两个序列分别乘以一个系数相加后通过系统，等于这两个序列分别通过系统后再乘以相应系数的和。图 $1-3-2$ 说明了线性系统的等价关系。

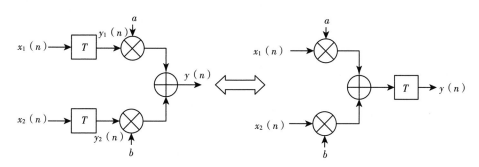

图 $1-3-2$　线性系统的等价关系

式（$1-3-2$）还可以推广到多个输入的叠加，即如果

$$x(n) = \sum_k a_k x_k(n) \qquad (1-3-3)$$

那么一个线性系统的输出一定是

$$y(n) = \sum_k a_k y_k(n) \qquad (1-3-4)$$

其中，$y_k(n)$ 是对应于 $x_k(n)$ 的系统输出。

在证明一个系统是线性系统时，必须证明该系统满足上述线性条件；反之，若有一个输入或一组输入使系统不满足线性条件，就可以确定该系统不是线性系统。

例 1 - 3 - 1 判断 $y(n) = 2x(n) + 5$ 所代表的系统是否为线性系统。

解 因为

$$y_1(n) = T[x_1(n)] = 2x_1(n) + 5$$
$$y_2(n) = T[x_2(n)] = 2x_2(n) + 5$$

所以

$$a_1 y_1(n) + a_2 y_2(n) = 2a_1 x_1(n) + 2a_2 x_2(n) + 5(a_1 + a_2)$$

但是

$$T[a_1 x_1(n) + a_2 x_2(n)] = 2[a_1 x_1(n) + a_2 x_2(n)] + 5$$

因而

$$T[a_1 x_1(n) + a_2 x_2(n)] \neq a_1 y_1(n) + a_2 y_2(n)$$

所以此系统不是线性系统。同理可证明：$y(n) = x(n) \sin\left(\dfrac{2\pi}{3}n + \dfrac{\pi}{5}\right)$ 是线性系统。

1.3.2 移不变系统

如果系统的参数都是常数，它们不随时间变化，则称该系统为移不变系统。在这种情况下，系统的输出、输入与施加于系统的时刻无关。即对于移不变系统，假设输入 $x(n)$ 序列产生输出为 $y(n)$ 序列，则输入 $x(n-m)$ 时将产生输出 $y(n-m)$ 序列，这表明输入延迟一定时间，其输出也延迟相同的时间，而其幅值保持不变。上述移不变可用公式表述为

若

$$y(n) = T[x(n)]$$

则

$$y(n-m) = T[x(n-m)] \qquad (1-3-5)$$

其中，m 为任意整数。移不变系统体现了系统延时与系统操作的可交换性，如图 1 - 3 - 3 所示。

图 1 - 3 - 3　移不变系统中系统延时与系统操作的关系

在图 1-3-3 中，D_k 表示延时 k 个单元。

例 1-3-2　判断 $y(n)=2x(n)+5$ 所代表的系统是否是移不变系统。

解

$$T[x(n-m)]=2x(n-m)+5$$
$$y(n-m)=2x(n-m)+5$$

可得

$$y(n-m)=T[x(n-m)]$$

所以此系统是移不变系统。同理可证明：$y(n)=x(n)\sin(\frac{2\pi}{3}n+\frac{\pi}{5})$ 不是移不变系统。

1.3.3　单位抽样响应与卷积和

单位抽样响应是指输入为单位抽样序列 $\delta(n)$ 时线性移不变系统的输出（假设系统输出的初始状态为零）。单位抽样响应一般用 $h(n)$ 表示，即

$$h(n)=T[\delta(n)] \tag{1-3-6}$$

在知道 $h(n)$ 后，就可得到此线性移不变系统对任意输入的零状态响应。

设系统输入序列为 $x(n)$，输出序列为 $y(n)$。任一序列 $x(n)$ 可写成 $\delta(n)$ 的移位加权和，即

$$x(n)=\sum_{m=-\infty}^{\infty}x(m)\delta(n-m)$$

则系统输出为

$$y(n)=T[x(n)]=T\Big[\sum_{m=-\infty}^{\infty}x(m)\delta(n-m)\Big]$$

因为线性系统满足均匀性和叠加性，所以有

$$y(n)=\sum_{m=-\infty}^{\infty}x(m)T[\delta(n-m)]$$

又因为系统满足移不变性，所以有

$$y(n)=\sum_{m=-\infty}^{\infty}x(m)h(n-m) \tag{1-3-7}$$

由式（1-3-7）可知，任何离散时间线性移不变系统，完全可以通过其单位抽样响应 $h(n)$ 来表征。将式（1-3-7）与线性卷积的定义式 $y(n)=\sum_{m=-\infty}^{\infty}x(m)h(n-m)$ 比较可以看出，系统在激励信号 $x(n)$ 作用下的零状态响应为 $x(n)$ 与系统的单位抽样响应的线性卷积，即

$$y(n)=x(n)\times h(n) \tag{1-3-8}$$

一般地，线性移不变系统都是由式（1-3-8）的卷积和来描述，所以这

类系统的性质就能用离散时间卷积的性质来定义。因此，单位抽样响应就是某一特定线性移不变系统性质的完全表征。

1.3.4 因果系统

如果一个系统在任何时刻的输出只取决于现在的输入及过去的输入，该系统就称为因果系统，即 $n = n_0$ 时刻的输出 $y(n_0)$ 只取决于 $n \leqslant n_0$ 的输入 $x(n)$。若系统现在时刻的输出还取决于未来时刻的输入，则不符合因果关系，因而是非因果系统，是实际中不存在的系统。如系统 $y(n) = x(n) - x(n+1)$ 就是非因果系统。

线性移不变系统是因果系统的充分且必要条件是

$$h(n) = 0, n < 0 \tag{1-3-9}$$

证明 充分性：当 $n < 0$ 时，$h(n) = 0$，则

$$y(n) = \sum_{m=-\infty}^{n} x(n-m)h(m)$$

而

$$
\begin{aligned}
y(n_0) &= \sum_{m=-\infty}^{\infty} x(n_0 - m)h(m) \\
&= \sum_{m=0}^{\infty} h(m)x(n_0 - m) + \sum_{m=-\infty}^{-1} h(m)x(n_0 - m) \\
&= [h(0)x(n_0) + h(1)x(n_0 - 1) + h(2)x(n_0 - 2) + \cdots] + \\
&\quad [h(-1)x(n_0 + 1) + h(-2)x(n_0 + 2) + \cdots]
\end{aligned}
$$

我们看到，第一个求和项包括 $x(n_0)$，$x(n_0 - 1)$，……也就是输入信号的当前值和过去值。另外，第二个求和项包括输入信号量 $x(n_0 + 1)$，$x(n_0 + 2)$，……即 $y(n_0)$ 只与 $m \leqslant n_0$ 时的 $x(m)$ 值有关，因而是因果系统。

必要性：利用反证法来证明。已知系统是因果系统，假设当 $n < 0$ 时，$h(n) \neq 0$，则

$$y(n_0) = \sum_{m=0}^{\infty} h(m)x(n_0 - m) + \sum_{m=-\infty}^{-1} h(m)x(n_0 - m)$$

在所设条件下，第二个求和式至少有一项不为零，即 $y(n_0)$ 至少和 $m > n_0$ 时的一个 $x(m)$ 有关，这不符合因果性条件，所以假设不成立。因而当 $n < 0$ 时，$h(n) = 0$ 是必要条件。

仿照此定义，我们将 $n < 0$，$x(n) = 0$ 的序列称为因果序列，表示这个序列可以作为一个因果系统的单位抽样响应。

1.3.5 稳定系统

对于所有的 n，如果 $x(n)$ 是有界的，那么存在一个常数 M_x，使得

$$|x(n)| \leqslant M_x < \infty$$

类似地，如果输出是有界的，那么存在一个常数 M_y，使得

$$|y(n)| \leqslant M_y < \infty$$

稳定系统是指有界输入产生有界输出（BIBO）的系统，即

$$|x(n)| \leqslant M_x \Rightarrow |y(n)| \leqslant M_y$$

一个线性移不变系统是稳定系统的充分且必要条件是

$$\sum_{n=-\infty}^{\infty} |h(n)| = p < \infty \qquad (1-3-10)$$

即单位抽样响应绝对可和。

证明　充分条件：

$$y(n) = \sum_{k=-\infty}^{\infty} h(k)x(n-k)$$

如果对等式两边取绝对值，那么得出

$$|y(n)| = \left| \sum_{m=-\infty}^{\infty} h(m)x(n-m) \right|$$

因为各项和的绝对值常常小于等于各项绝对值的和，因此有

$$|y(n)| \leqslant \sum_{m=-\infty}^{\infty} |h(m)| |x(n-m)|$$

如果输入是有界的，那么存在一个有限数 M_x，使得 $|x(n)| \leqslant M_x$。将上面等式中的 $x(n)$ 用上界替换，得出

$$|y(n)| \leqslant M_x \sum_{m=-\infty}^{\infty} |h(m)|$$

如果系统的单位抽样响应满足 $\sum_{n=-\infty}^{\infty} |h(n)| = p < \infty$，则有

$$|y(n)| \leqslant M_x p < \infty$$

即输出有界，此时 $M_y = M_x p$。

必要条件：利用反证法来证明。已知系统稳定，假设

$$\sum_{n=-\infty}^{\infty} |h(n)| = \infty$$

可以找到一个如下式的有界输入

$$x(n) = \begin{cases} 1, & h(-n) \geqslant 0 \\ -1, & h(-n) < 0 \end{cases}$$

则

$$y(0) = \sum_{m=-\infty}^{\infty} x(m)h(n-m)\big|_{n=0} = \sum_{m=-\infty}^{\infty} |h(-m)| = \sum_{m=-\infty}^{\infty} |h(m)| = \infty$$

即有界的输入 $x(n)$ 的输出在 $n=0$ 处无界，不符合稳定条件，与假设矛

15

盾，所以 $\displaystyle\sum_{n=-\infty}^{\infty}|h(n)|=p<\infty$ 是稳定系统的必要条件。

1.4 离散时间系统的时域响应

1.4.1 离散系统响应的数字解

离散时间系统的输入与输出关系通常用差分方程描述。对于线性时不变的离散时间系统的数学模型是常系数线性差分方程。

描述 N 阶离散系统的差分方程的一般形式为

$$\sum_{i=0}^{N}a_iy(n-i)=\sum_{i=0}^{M}b_ix(n-i) \qquad (1-4-1)$$

式中，$x(n)$ 和 $y(n)$ 分别为系统的输入和输出序列，均为常数。

一般来说，已知系统的差分方程和系统输入 $x(n)$，通过差分方程的求解，就可以得到离散系统的输出 $y(n)$。求解差分方程有几种方法：第一种是经典解，与微分方程的解法类似；第二种是零输入响应和零状态响应；第三种是递推法，适合利用计算机进行数字求解。

例 1-4-1 常系数线性差分方程为 $y(n)-ay(n-1)=x(n)$，求其单位响应 $h(n)$。

解 设 $x(n)=\delta(n)$，对因果系统，有

$$y(n)=h(n)=0,n<0(初始条件)$$

在 $\delta(n)$ 作用下，输出 $y(n)$ 就是 $h(n)$。

$$h(0)=ah(-1)+1=0+1=1$$
$$h(1)=ah(0)+0=a+0=a$$
$$h(2)=ah(1)+0=a^2+0=a^2$$
$$\vdots$$
$$h(n)=ah(n-1)+0=a^n+0=a^n$$

故系统的单位响应为

$$h(n)=\begin{cases}a^n,n\geqslant 0\\0,n<0\end{cases}$$

显然，常系数线性差分方程所代表的系统是一个因果系统，如果 $|a|<1$，此系统是稳定的。

例 1-4-2 已知离散系统的单位函数响应为 $h(n)=R_4(n)$，系统的输入 $x(n)=R_4(n)$，求系统的零状态响应 $y(n)$。

解 根据系统的输入输出关系，有

$$y(n)=h(n)\times x(n)=\sum_{n=-\infty}^{\infty}R_4(m)R_4(n-m)$$

式中，$R_4(m)$ 在 $0 \leqslant m \leqslant 3$ 区域取值非零值 1，$R_4(n-m)$ 在 $n-3 \leqslant m$ $\leqslant n$ 区域取非零值 1，当 $0 \leqslant n \leqslant 3$ 时，$y(n) = \sum_{m=0}^{n} 1 = n+1$，当 $y(n) = \sum_{m=0}^{n} 1 = n+1$ 时，$y(n) = \sum_{m=n-3}^{3} 1 = 7-n$。该例的卷积过程及最后 $y(n)$ 波形，如图 1-4-1 所示。

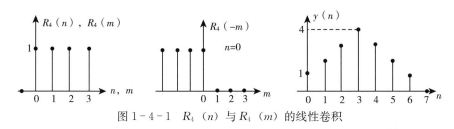

图 1-4-1　$R_4(n)$ 与 $R_4(m)$ 的线性卷积

1.4.2　离散系统的转移算子模型

在式（1-4-1）中，应用移序算子 S，式（1-4-1）可以改写为

$$(a_N S^N + a_{N-1} S^{N-1} + \cdots + a_0) y(n) = (b_M S^M + b_{M-1} S^{M-1} + \cdots + b_0) x(n)$$

$$(1-4-2)$$

为使上式中 S^N 的系数为 1，调整上式系数，可以得到

$$y(n) = \frac{b_m S^m + b_{m-1} S^{m-1} + \cdots + b_0}{S^n + a_{n-1} S^{n-1} + \cdots + a_0} x(n) = H(S) x(n)$$

$$(1-4-3)$$

这里 $H(S)$ 称为离散系统的转移算子。

第 2 章
离散时间信号与系统的变换域分析

离散信号与系统的时域分析，数学模型精准，物理概念清晰，分析方法成熟，分析结论直观。但是，离散信号的频率特性以及离散系统对于离散信号的频率成分改造无法表现。因此，借助傅里叶变换和 z 变换将离散信号与系统的分析在变换域中进行，利用傅里叶变换将离散信号从时间域转换到实频域，而 z 变换作为傅里叶变换的推广，将离散信号从时间域转换到复频域，这样能够很好地分析离散信号的频率特性。利用 z 变换将离散时间系统的差分方程转换为代数方程，使离散系统的响应计算变得简单。由此，能够深入掌握离散系统的频率特性。

2.1 离散时间序列的傅里叶变换

在连续信号与系统中，傅里叶分析是重要的数学工具，同样，对于离散信号与系统的分析，傅里叶分析同样占据着重要的地位。由于连续信号和离散信号在时间上的差异，连续信号的傅里叶分析和离散信号的傅里叶分析有明显的差异，但在信号处理中的分析方法和傅里叶分析的很多性质是相似的。

2.1.1 离散时间信号的傅里叶变换的定义

对于一个任意的离散信号，其离散傅里叶变换（Discrete Time Fourier Transform，DTFT）定义为

$$X(e^{j\omega}) = FT[x(n)] = \sum_{n=-\infty}^{\infty} x(n)e^{-j\omega n} \qquad (2-1-1)$$

上式成立的条件是序列 $x(n)$ 绝对可和，或者说，序列的能量有限，满足下面公式：

$$\sum_{n=-\infty}^{\infty} |x(n)| < \infty \qquad (2-1-2)$$

对于不满足绝对可和条件的序列 $x(n)$，如周期信号和 $u(n)$ 等，引入奇异函数，使它们的傅里叶变换可以表达出来。

离散序列傅里叶的反变换定义为

$$x(n) = \frac{1}{2\pi} \int_{-\pi}^{\pi} X(e^{j\omega}) e^{j\omega n} \, d\omega \qquad (2-1-3)$$

由此就得到一对离散序列傅里叶变换公式，其中，式（2-1-1）为正变换，式（2-1-3）为反变换。

式（2-1-3）表明，离散序列 $x(n)$ 可以分解为一系列幅度为无穷小的离散复正弦序列 $e^{j\omega n}$ 在 $-\pi < \omega < \pi$ 之中的积分，每个复正弦信号的幅度为 $\frac{1}{2\pi} X(e^{j\omega}) \, d\omega$。这与连续信号经过傅里叶变换后可以表示成许多幅度为无穷小的复正弦信号的积分一样。$X(e^{j\omega})$ 是 ω 的复函数，可表示为

$$X(e^{j\omega}) = |X(e^{j\omega})| e^{j\varphi(\omega)} = \text{Re}[X(e^{j\omega})] + j\text{Im}[X(e^{j\omega})]$$
$$(2-1-4)$$

$X(e^{j\omega})$ 表示 $x(n)$ 的频谱，$|X(e^{j\omega})|$ 为幅度谱，$\varphi(\omega)$ 为相位谱。由于 $e^{j\omega}$ 是变量 ω 以 2π 为周期的周期函数，因此 $X(e^{j\omega})$ 也是以 2π 为周期的周期函数，通常变量以 ω 范围为主值区间 $(-\pi, \pi)$ 中的一部分。

例 2-1-1　求离散序列 $R_5(n) = u(n) - u(n-5)$ 的傅里叶变换。

解　根据离散序列傅里叶变换定义，得出以下公式：

$$X(e^{j\omega}) = \sum_{n=-\infty}^{\infty} R_5(n) e^{-j\omega n} = \sum_{n=0}^{4} e^{-j\omega n}$$

$$= \frac{1 - e^{j\omega 5}}{1 - e^{j\omega}} = \frac{(e^{-j\frac{\omega 5}{2}} - e^{j\frac{\omega 5}{2}}) e^{j\frac{\omega 5}{2}}}{(e^{-j\frac{\omega}{2}} - e^{j\frac{\omega}{2}}) e^{j\frac{\omega}{2}}}$$

$$= \frac{\sin(\frac{\omega 5}{2})}{\sin(\frac{\omega}{2})} e^{j\frac{5-1}{2}\omega} = |X(e^{j\omega})| e^{j\varphi(\omega)}$$

其中，幅频特性为

$$|X(e^{j\omega})| = \frac{\sin(\frac{5}{2}\omega)}{\sin(\frac{\omega}{2})}$$

相频特性为

$$\varphi(\omega) = -j2\omega + \arg\left[\frac{\sin(\frac{5}{2}\omega)}{\sin(\frac{\omega}{2})}\right]$$

式中，arg［•］表示方框号内表达式引入的相移，其值在不同 ω 区间分别为 0，π，2π，3π，4π，…，图 2-1-1 画出了 $R_5(n)$ 的幅频特性和相频特性。

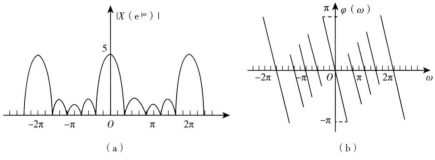

图 2-1-1　例题 2-1-1 的信号频谱
（a）幅频特性　　（b）相频特性

2.1.2　序列傅里叶变换的基本性质

与连续信号的傅里叶变换类似，离散序列的傅里叶变换具有一些基本性质，这里简单列举如下。

2.1.2.1　线性特性

$$\text{DTFT}[a \cdot x_1(n) + b \cdot x_2(n)] = a \cdot \text{DTFT}\{x_1(n)\} + b \cdot \text{DTFT}\{x_2(n)\}$$

$$(2-1-5)$$

式中，a、b 为任意常数。

2.1.2.2　时域平移特性

若 $\text{DTFT}\{x(n)\} = X(e^{j\omega})$，则

$$\text{DTFT}\{x(n-n_0)\} = e^{-jn_0\omega} X(e^{j\omega}) \qquad (2-1-6)$$

该特性表明时域位移对应频域相移。

2.1.2.3　频域位移特性

若 $\text{DTFT}\{x(n)\} = X(e^{j\omega})$，则

$$\text{DTFT}\{e^{j\omega_0 n} x(n)\} = X(e^{j(\omega-\omega_0)}) \qquad (2-1-7)$$

该特性表明频域位移对应时域调制。

2.1.2.4　频域微分特性

$$\text{DTFT}\{n \cdot x(n)\} = j\frac{\mathrm{d}}{\mathrm{d}\omega} X(e^{j\omega}) \qquad (2-1-8)$$

该特性表明时域的线性加权对应频域微分。

2.1.2.5　序列的反褶特性

$$\text{DTFT}\{x(-n)\} = X(e^{-j\omega}) \qquad (2-1-9)$$

2.1.2.6　奇偶虚实性

DTFT 具有与连续信号傅里叶变换相同的奇偶虚实性，如果 $x(n)$ 是一个实数序列，则 $X(e^{j\omega})$ 的实部或幅度满足偶对称性，虚部或相角满足奇对称性。如果 $x(n)$ 是一个实偶序列，$X(e^{j\omega})$ 只有实部，虚部一定等于零；如果 $x(n)$ 是一个实奇序列，则 $X(e^{j\omega})$ 只有虚部，实部一定等于零。

2.1.2.7　卷积定理

卷积定理包括时域卷积和频域卷积定理：

$$\text{DTFT}\{x_1(n) \cdot x_2(n)\} = \text{DTFT}\{x_1(n)\} \cdot \text{DTFT}\{x_2(n)\}$$

$$(2-1-10)$$

$$\text{DTFT}\{x_1(n) \cdot x_2(n)\} = \frac{1}{2\pi}\text{DTFT}\{x_1(n)\} \cdot \text{DTFT}\{x_2(n)\}$$

$$(2-1-11)$$

2.1.2.8　帕塞瓦尔定理

$$\sum_{k=-\infty}^{\infty} |x(n)|^2 = \frac{1}{2\pi}\int_{-\pi}^{\pi} |X(e^{j\omega})|^2 d\omega \qquad (2-1-12)$$

此定理也称为能量定理，序列的总能量等于其傅里叶变换模平方在一个周期内积分取平均，即时域总能量等于频域一周期内总能量。

2.2　离散信号的 z 变换分析

在离散信号与系统的分析中，利用离散傅里叶变换对离散信号进行频域分析，利用 z 变换对离散系统进行复频域分析。由此可见，傅里叶变换和 z 变换都是数字信号处理中的重要数学工具。

2.2.1　z 变换的定义及收敛域

2.2.1.1　z 变换的定义

z 变换的概念可以从理想抽样信号的拉普拉斯变换引出，也可以在离散域直接给出。下面我们直接给出序列 z 变换的定义。

一个序列 $x(n)$ 的 z 变换 $X(z)$ 定义为

$$X(z) = \sum_{n=-\infty}^{\infty} x(n)z^{-n} \qquad (2-2-1)$$

其中，z 是一个连续复变量，$X(z)$ 是一个复变量 z 的幂级数。也就是说，z 变换在复频域内对离散时间信号与系统进行分析。

有时将 z 变换看成一个算子，它把一个序列变换成为一个函数，称为 z 变换算子，记为

$$X(z) = Z[x(n)]$$

序列 $x(n)$ 与它的 z 变换 $X(z)$ 之间的相应关系用符号记为

$$x(n) \xleftarrow{\quad Z \quad} X(z)$$

由式（2-2-1）所定义的 z 变换称为双边 z 变换，与此相对应的单边 z 变换则定义为

$$X(z) = \sum_{n=0}^{\infty} x(n)z^{-n} \qquad (2-2-2)$$

显然，当 $x(n)$ 为因果序列（$x(n)=0$，$n<0$）时，其单边 z 变换与双边 z 变换是相等的。

2.2.1.2 z 变换的收敛域

因为 z 变换是一个复变量的函数，所以利用复数 z 平面来描述和阐明 z 变换是方便的。将复变量 z 表示成极坐标形式

$$z = re^{j\omega} \qquad (2-2-3)$$

在极坐标平面上，r 是半径，ω 是辐角。在直角坐标平面上，则用其实部 Re(z) 表示横坐标，用其虚部 Im(z) 表示纵坐标。组成以 z 为变量的复数平面；在作图时，坐标轴就命名为 Re 和 Im，如图 2-2-1 所示。

由 z 变换的定义式（2-2-1）可知，只有当级数收敛时 z 变换才有意义。而式（2-2-1）中的级数是否收敛，取决于 z 的值。对于任意给定的序列 $x(n)$，使其 z 变换所定义的幂级数 $\sum\limits_{n=-\infty}^{\infty} x(n)z^{-n}$ 收敛的所有 z 值的集合称为 $X(z)$ 的收敛域（Region of Convergence，ROC）。

在式（2-2-1）中，相当于将原序列 $x(n)$ 乘以实指数 r^{-n}，因此通过选择适当的 r 值，总可以使式（2-2-1）的级数收敛。例如序列 $x(n)=2^n u(n)$ 的傅里叶变换并不收敛，但当 $r>2$ 时，则 $2^n u(n) \cdot r^{-n}$ 绝对可和，则其 z 变换收敛，所以这个序列的 z 变换的收敛域为 $|z|>2$。可见，收敛域是定义 z 变换函数的重要因素。

$X(z)$ 收敛的充分且必要条件是 $x(n)z^{-n}$ 绝对可和，即

$$\sum_{n=-\infty}^{\infty} |x(n)z^{-n}| = \sum_{n=-\infty}^{\infty} |x(n)| \, |z|^{-n} < \infty \qquad (2-2-4)$$

为使式（2-2-4）成立，就需要确定 $|z|$ 取值的范围，即收敛域。由于 $|z|$ 为复数的模，即式（2-2-3）中的 r，可知收敛域为一圆环状区域，即

$$R_- < |z| < R_+ \qquad (2-2-5)$$

式中，R_-、R_+ 称为收敛半径，R_- 可以小到 0，（此时收敛域为圆盘），而 R_+ 可以大到 ∞。式（2-2-5）的 z 平面表示如图 2-2-2 所示。

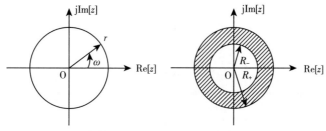

图 2-2-1　复数 z 平面　　　　图 2-2-2　环状收敛域

常见的一类 z 变换是有理函数，即两个多项式之比

$$X(z) = \frac{B(z)}{A(z)}$$

分子多项式 $B(z)$ 的根是使 $X(z)=0$ 的那些 z 值，称为 $X(z)$ 的零点。z 取有限值的分母多项式 $A(z)=0$ 的根是使 $X(z)=\infty$ 的那些 z 值，称为 $X(z)$ 的极点。因此 $z=\infty$ 也可能是 $X(z)$ 的零点、极点。

z 变换的收敛域和极点分布密切相关。在极点处 z 变换不收敛，因此在收敛域内不能包含任何极点，而且收敛域是由极点来限定边界的。

2.2.2　序列的性质和其 z 变换收敛域的关系

对一个序列来说，当序列的 z 变换存在时，其在 z 平面上的收敛域的位置和序列的性质存在着密切的关系。现将一些典型情况分别讨论如下。

2.2.2.1　有限长序列（Finite Length Sequence）

这类序列只在有限长度区间 $n_1 \leqslant n \leqslant n_2$ 内有非零值，即

$$x(n) = \begin{cases} x(n), n_1 \leqslant n \leqslant n_2 \\ 0, 其他\ n \end{cases} \qquad (2-2-6)$$

由 z 变换的定义，式（2-2-6）所表示的序列的 z 变换可写成

$$X(z) = \sum_{n=n_1}^{n_2} x(n) z^{-n} = \sum_{n=n_1}^{n_2} x(n) \frac{1}{z^n} \qquad (2-2-7)$$

当 $|x(n)| < \infty$ 时，式（2-2-7）为一有限项级数和，则其 ROC 为整个 z 平面；但 $|z|=0$ 和 $|z|=\infty$ 除外，需进一步讨论如下：显然当 $n_1 < 0$ 时，ROC 不包括 $|z|=\infty$，而当 $n_2 > 0$ 时，ROC 不包括 $|z|=0$。因此，有限长序列的 z 变换，其 ROC 至少为 $0 < |z| < \infty$，当 $n > 0$ 时序列有非零值，则 $|z|=0$ 不包含在收敛域内；当 $n < 0$ 时序列有非零值，则 $|z|=\infty$ 不包含在收敛域内。这里要指出，$z^0=1$，无论 z 为何值，即使 $z^0=1$ 也是如此。

2.2.2.2　右边序列（Right-Side Sequence）

这类序列只在 n 轴某一点的右边有非零值，即当 $n < N$ 时，$x(n)=0$。

其 z 变换为

$$X(z) = \sum_{n=N}^{\infty} x(n)z^{-n} \qquad (2-2-8)$$

根据无穷项级数敛散性判别的柯西方法，式（2-2-9）的级数收敛需满足：

$$\lim_{n\to\infty} \sqrt[n]{|x(n)z^{-n}|} < 1 \qquad (2-2-9)$$

则有

$$\lim_{n\to\infty} \sqrt[n]{|x(n)|} |z|^{-1} < 1 \qquad (2-2-10)$$

可得到右边序列的 z 变换的收敛域的形式如下：

$$|z| > \lim_{n\to\infty} \sqrt[n]{|x(n)|} = R_- \qquad (2-2-11)$$

为了证明 ROC 的正确性，先设 $X(z)$ 在 $|z| = R_-$ 处收敛，即

$$\sum_{n=N}^{\infty} |x(n)| R_-^{-n} < \infty \qquad (2-2-12)$$

如果 $N \geqslant 0$，则当 $|z| > R_-$ 时必定有：

$$\sum_{n=N}^{\infty} |x(n)z^{-n}| \leqslant \sum_{n=N}^{\infty} |x(n)| |z|^{-n} < \sum_{n=N}^{\infty} |x(n)| R_-^{-n} < \infty$$

$$(2-2-13)$$

如果 $N < 0$，则式（2-2-10）的等号右边可写成两项，有：

$$\sum_{n=N}^{\infty} x(n)z^{-n} = \sum_{n=N}^{-1} x(n)z^{-n} + \sum_{n=0}^{\infty} x(n)z^{-n} \qquad (2-2-14)$$

式（2-2-14）的第一项为有限长序列，其 ROC 至少为 $0 < |z| < \infty$。第二项根据前面 $N \geqslant 0$ 的论述，其在 $|z| > R_-$ 时收敛。因为公共收敛域就是 $R_- < |z| < \infty$，因此，右边序列的 z 变换的 ROC 是半径为 R_- 的圆的圆外部分，但 $|z| = \infty$ 是否包含于 ROC 内与 N 有关。

如果右边序列为因果序列，即 $N \geqslant 0$，则序列的 z 变换在 $|z| = \infty$ 处也收敛。由此可得到一个推论：如果序列 $x(n)$ 的 z 变换的 ROC 包括，则该序列为因果序列，反之亦然。

2.2.2.3 左边序列（Left-Side Sequence）

这类序列只在 n 轴某一点的左边有非零值，即当 $n > N$ 时，$x(n) = 0$。其 z 变换为

$$X(z) = \sum_{n=-\infty}^{N} x(n)z^{-n} \qquad (2-2-15)$$

式（2-2-15）可通过变量替换变换为另外一种形式，即

$$X(z) = \sum_{n=-N}^{\infty} x(-n)z^{n} \qquad (2-2-16)$$

同样，由柯西方法可以得到左边序列的 z 变换的收敛域的形式如下：

$$|z| < \frac{1}{\lim\limits_{n \to \infty} \sqrt[n]{|x(-n)|}} = R \qquad (2-2-17)$$

即左边序列的 z 变换 $X(z)$，应在收敛半径 R_+ 以内的 z 平面收敛，但 $|z| = 0$ 是否属于 ROC 与 N 有关。显然，由式可知，当 $N < 0$ 时，属于 ROC，即反因果序列的 z 变换的 ROC 包括 $|z| = 0$。

2.2.2.4　双边序列（Bilateral Sequence）

若 $x(n)$ 是从 $n = -\infty$ 到 ∞ 都有值（也许某些值为 0）的序列，此序列就称为双边序列，如一个左边序列"加"一个右边序列一定是一个双边序列。前面介绍的 3 种序列，其实就是双边序列加了不同约束条件的 3 个特例。其 z 变换为

$$X(z) = \sum_{n=-\infty}^{\infty} x(n)z^{-n} = \sum_{n=-\infty}^{-1} x(n)z^{-n} + \sum_{n=0}^{\infty} x(n)z^{-n}$$

$$(2-2-18)$$

式（2-2-18）中的第一项为左边序列的 z 变换，ROC 为 $|z| < R_+$；第二项为右边序列的 z 变换，ROC 为 $|z| > R_+$。

显然，对整个变换式而言，必须存在一个公共收敛域，使得各子式均能收敛。这就要求下式必须成立

$$R_+ > R_- \qquad (2-2-19)$$

如果式（2-2-19）成立，则双边序列 z 变换的 ROC 为

$$R_- < |z| < R_+ \qquad (2-2-20)$$

如果式（2-2-19）不成立，则双边序列 z 变换不收敛。

常用序列的 z 变换及其收敛域见表 2-2-1。

表 2-2-1　常用序列的 z 变换及其收敛域

序列	z 变换	收敛域
$\delta(n)$	1	$0 \leqslant z \leqslant \infty$
$u(n)$	$\dfrac{1}{1-z^{-1}}$	$|z| > 1$
$|z| < |a|$	$\dfrac{z^{-N}}{1-z^{-1}}$	$|z| > 0$
$nu(n)$	$\dfrac{z^{-1}}{(1-z^{-1})^2}$	$|z| > 1$
$a^n u(n)$	$\dfrac{1}{1-az^{-1}}$	$|z| > |a|$

（续）

序列	z 变换	收敛域
$-a^n u\ (-n-1)$	$\dfrac{1}{1-az^{-1}}$	$\vert z\vert < \vert a\vert$
$na^n u\ (n)$	$\dfrac{az^{-1}}{(1-az^{-1})^2}$	$\vert z\vert > \vert a\vert$
$-na^n u\ (-n-1)$	$\dfrac{az^{-1}}{(1-az^{-1})^2}$	$\vert z\vert < \vert a\vert$
$e^{-an} u\ (n)$	$\dfrac{1}{1-e^{-a}z^{-1}}$	$\vert z\vert > \vert e^{-a}\vert$
$e^{-j\omega_0 n} u\ (n)$	$\dfrac{1}{1-e^{-j\omega_0}z^{-1}}$	$\vert z\vert > 1$
$\sin\ (\omega_0 n)\ u\ (n)$	$\dfrac{\sin\ (\omega_0)\ z^{-1}}{1-2\cos\ (\omega_0)\ z^{-1}+z^{-2}}$	$\vert z\vert > 1$
$\cos\ (\omega_0 n)\ u\ (n)$	$\dfrac{1-\cos\ (\omega_0)\ z^{-1}}{1-2\cos\ (\omega_0)\ z^{-1}+z^{-2}}$	$\vert z\vert > 1$
$r^n \sin\ (\omega_0 n)\ u\ (n)$	$\dfrac{r\sin\ (\omega_0)\ z^{-1}}{1-2r\cos\ (\omega_0)\ z^{-1}+r^2 z^{-2}}$	$\vert z\vert > \vert r\vert$
$r^n \cos\ (\omega_0 n)\ u\ (n)$	$\dfrac{1-r\cos\ (\omega_0)\ z^{-1}}{1-2r\cos\ (\omega_0)\ z^{-1}+r^2 z^{-2}}$	$\vert z\vert > \vert r\vert$

2.2.3　z 反变换

定义：由 $X\ (z)$ 及其收敛域求序列 $x\ (n)$ 的变换称为 z 反变换。

离散时间系统的 z 域分析中要用到 z 反变换。从 z 变换的定义式（2-2-1）可看出，序列 $x\ (n)$ 的 z 变换定义式就是复变函数中的罗朗级数。罗朗级数在收敛域内是解析函数，因此，在收敛域内的 z 变换也是解析函数，这就意味着 z 变换及其所有导数是 z 的连续函数，在这种条件下，研究 z 变换和 z 反变换时，就可以运用复变函数理论中的一些定理了。下面根据柯西积分公式推导 z 反变换公式。

2.2.3.1　z 反变换公式

z 反变换公式为

$$x(n) = ZT^{-1}\big[X(z)\big] = \frac{1}{2\pi j}\oint_c X(z)z^{n-1}\mathrm{d}z \quad (2-2-21)$$

式中，$ZT^{-1}\big[X\ (z)\big]$ 表示对 $X\ (z)$ 进行 z 反变换。其结果是：在 z 平面上的 $X\ (z)$ 的收敛域中，沿包围原点的任意封闭曲线 c 的反时针方向对 $X\ (z)z^{n-1}$ 的围线积分。

式（2-2-21）的证明如下。

将 z 变换定义式，即式（2-2-1）两边均乘以 z^{m-1}，并在 $X(z)$ 的收敛域内取一条包围原点的积分围线做围线积分，有

$$\frac{1}{2\pi \mathrm{j}}\oint_c X(z)z^{m-1}dz = \frac{1}{2\pi \mathrm{j}}\oint_c \left[\sum_{n=-\infty}^{\infty} x(n)z^{-n}\right]z^{m-1}\mathrm{d}z = \sum_{n=-\infty}^{\infty} x(n)\frac{1}{2\pi \mathrm{j}}\oint_c z^{-n+m-1}\mathrm{d}z$$

$$(2-2-22)$$

式（2-2-22）不加证明地把求和与积分次序进行了交换。柯西积分公式的一个推导式为

$$\frac{1}{2\pi \mathrm{j}}\oint_c z^{k-1}\mathrm{d}z = \begin{cases} 1, k=0 \\ 0, k\neq 0 \end{cases} \qquad (2-2-23)$$

对照式（2-2-22）与式（2-2-23），只要式（2-2-22）中的 $m=n$，就有

$$\frac{1}{2\pi \mathrm{j}}\oint_c X(z)z^{m-1}\mathrm{d}z = x(m)$$

则反变换公式（2-2-21）得到证明。

如果 $X(z)$ 的 ROC 含有单位圆，且积分围线 c 就选为单位圆，以 $z=\mathrm{e}^{\mathrm{j}\omega}$（单位圆）代入式（2-2-21），则围线积分变为 ω 由 $-\pi$ 到 π 的积分，有

$$x(n) = \frac{1}{2\pi \mathrm{j}}\int_{-\pi}^{\pi} X(\mathrm{e}^{\mathrm{j}\omega})\mathrm{e}^{\mathrm{j}\omega(n-1)}\mathrm{d}\mathrm{e}^{\mathrm{j}\omega} = \frac{1}{2\pi}\int_{-\pi}^{\pi} X(\mathrm{e}^{\mathrm{j}\omega})\mathrm{e}^{\mathrm{j}\omega n}\mathrm{d}\omega$$

则 z 反变换式成为前面说明过的离散时间傅里叶反变换式。

2.2.3.2　z 反变换计算方法

直接使用式（2-2-21）的围线积分求 $x(n)$ 是比较困难的，较常采用的计算方法主要有留数法、幂级数展开法和部分分式展开法。

（1）留数法。

由复变函数理论，式（2-2-21）可以应用留数定理来求解。由该定理有

$$x(n) = \frac{1}{2\pi \mathrm{j}}\oint_c X(z)z^{n-1}\mathrm{d}z = \sum_k \mathrm{Res}\left[X(z)z^{n-1}\right]_{z=z_k}$$

$$(2-2-24)$$

式中，z_k 为 $X(z)z^{n-1}$ 在 c 内的极点，Res 表示极点的留数，求和符号表示所有 c 内的极点的留数的代数和。

求留数也是比较困难的，但如果 $X(z)z^{n-1}$ 是 z 的有理函数，可写为下面的有理分式，即

$$X(z)z^{n-1} = \frac{\psi(z)}{(z-z_k)^s} \qquad (2-2-25)$$

则求留数就比较容易了。式（2-2-25）表示 $X(z)z^{n-1}$ 在 $z=z_k$ 处有 s 阶极点，而 $\psi(z)$ 中已没有 $z=z_k$ 的极点。根据留数定理，$X(z)z^{n-1}$ 在

$z = z_k$ 处的留数为

$$\mathrm{Res}[X(z)z^{n-1}]_{z=z_k} = \frac{1}{(s-1)!}\left[\frac{\mathrm{d}^{s-1}}{\mathrm{d}z^{s-1}}\right]_{z=z_k}$$
$$= \frac{1}{(s-1)!}\left\{\frac{\mathrm{d}^{s-1}}{\mathrm{d}z^{s-1}}\left[(z-z_k)^s X(z)z^{n-1}\right]\right\}_{z=z_k}$$

$$(2-2-26)$$

如果 $z = z_k$ 是 $X(z)z^{n-1}$ 的一阶极点，式（2-2-26）就变得简单了，即

$$\mathrm{Res}[X(z)z^{n-1}]_{z=z_k} = \psi(z_k) \qquad (2-2-27)$$

求留数时，一定要注意收敛域内积分围线 c 所包围的极点情况（只计算围线 c 内的极点留数和）。

例 2-2-1 $X(z) = \dfrac{1}{1-az^{-1}}$ $\quad |z| < |a|$，求 $x(n)$。

解 $x(n) = \dfrac{1}{2\pi\mathrm{j}}\oint_c \dfrac{z}{z-a}z^{n-1}\mathrm{d}z = \dfrac{1}{2\pi\mathrm{j}}\oint_c \dfrac{z^n}{z-a}\mathrm{d}z$

式中，c 是半径小于 $|a|$ 的围线。

本例中 $X(z)$ 的收敛区与极点分布如图 2-2-3 所示。

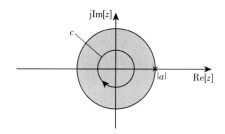

图 2-2-3 例 2-2-1 $X(z)$ 的收敛区与极点分布

当 $n \geqslant 0$ 时，c 内无极点，所以 $x(n) = 0$。

当 $n < 0$ 时，c 围线包围 $z_2 = 0$（原点处）（$-n = s$ 阶）极点。

$$x(n) = \sum \mathrm{Res}_2\left[\frac{z^n}{z-a}, z_2 = 0\right] = \frac{1}{(s-1)!} \cdot \frac{\mathrm{d}^{s-1}}{\mathrm{d}z^{s-1}}\left[z^{-n}\frac{z^n}{z-a}\right]\Bigg|_{z=0} = -a^n$$

最后 $x(n) = \begin{cases} 0 & n \geqslant 0 \\ -a^n & n < 0 \end{cases} = -a^n u(-n-1)$ 是左序列。

（2）幂级数展开法。

幂级数展开法也称长除法。如果能把 $X(z)$ 在其收敛域内按式（2-2-1）展开成 z^{-1} 的幂级数，即 $X(z) = \sum\limits_{n=-\infty}^{\infty} x(n)z^{-n}$，则对应幂级数中 z^{-n} 的系数就是 $x(n)$。

当 $X(z)$ 能表示成有理分式时，即

$$X(z) = P(z)/Q(z) \qquad (2-2-28)$$

式中，$P(z)$ 和 $Q(z)$ 均是有理多项式，如果 $X(z)$ 的 ROC 是 $|z| > R_-$，则 $x(n)$ 一定是右边序列，在做长除运算时，$P(z)$ 和 $Q(z)$ 均按 z^{-1} 的升幂次序排列；如果 $X(z)$ 的 ROC 是 $|z| < R_+$，则 $x(n)$ 必然是左边序列，在做长除运算时，$P(z)$ 和 $Q(z)$ 应按 z^{-1} 的降幂次序排列。如此排列为的是使商，即 $X(z)$ 也按 z^{-1} 的升幂次序或降幂次序排列，能够正确得到右边序列最左边的第一项或左边序列最右边的第一项。

例 2 - 2 - 2　已知 $X(z) = \dfrac{z^2 + z}{z^3 - 3z^2 + 3z - 1}$　ROC：$|z| > 1$，求 $x(n)$。

解　因为收敛区为 $|z| > 1$，所以这是一个右边序列。利用长除法，得

$$
z^3 - 3z^2 + 3z - 1 \sqrt{\begin{array}{l} z^{-1} + 4z^{-2} + 9z^{-3} + 16z^{-4} + \cdots \\ \hline z^2 + z \end{array}}
$$

$$\frac{z^2 - 3z + 3 - z^{-1}}{4z - 3 + z^{-1}}$$

$$\frac{4z - 12 + 12z^{-1} - 4z^{-2}}{9 - 11z^{-1} + 4z^{-2}}$$

$$\frac{9 - 27z^{-1} + 27z^{-2} - 9z^{-3}}{16z^{-1} - 23z^{-2} + 9z^{-3}}$$

$$\frac{16z^{-1} - 48z^{-2} + 48z^{-3} - 16z^{-4}}{\vdots}$$

即得　　　　　　　$X(z) = z^{-1} + 4z^{-2} + 9z^{-3} + 16z^{-4} + \cdots$

所以　　　　　　　$x(n) = n^2 u(n)$

（3）部分分式展开法。

序列的 z 变换常可表示成 z 的有理分式，见式（2-2-28）。从实用角度而言，一般序列为因果序列，其 z 变换的 ROC 为 $|z| > R_-$，为了保证在 $|z| = \infty$ 也收敛，则式（2-2-28）中分母多项式 $Q(z)$ 的阶次就不能低于分子多项式 $P(z)$ 的阶次。其实这是从实用角度提出的约束条件，部分分式展开法并不受限于此约束条件。求出分母 $Q(z)$ 的根，然后进行因式分解，为了保证因式分解后的各项的分子至少比分母的阶次低 1 次，可把式（2-2-28）写为

$$\frac{X(z)}{z} = \sum_{k=1}^{N} \frac{A_k}{z - z_k} \quad \text{ROC：} |z| > \max[|z_k|] \qquad (2-2-29)$$

式中，假定 $X(z)/z$ 的所有极点都是 1 阶极点，并用 z_k 表示极点。由于 $X(z)/z$ 与 $X(z)$ 相比较，两者的 ROC 是一致的，只不过 $X(z)/z$ 在 $z=0$ 处增加了极点，或者把 $z=0$ 处的极点阶数增加了 1 阶。注意式（2-2-29）的 ROC 的约束条件。系数 A_k 可以用留数法求出，即

$$A_k = \text{Res}\left[\frac{X(z)}{z}\right]_{z=z_k} = \frac{X(z)}{z}(z-z_k)\bigg|_{z=z_k} \quad (2-2-30)$$

对照式（2-2-29），式（2-2-31）明显成立，即

$$X(z) = \sum_{k=1}^{N}\frac{A_k}{z-z_k}z \quad \text{ROC：} |z| > \max[\,|z_k|\,]$$

$$(2-2-31)$$

上式的 z 反变换为

$$x(n) = \sum_{k=1}^{N}A_k(z_k)^n u(n)$$

例 2-2-3 已知 $X(z) = \dfrac{2z^2}{(z+1)(z+2)^2}$ $|z| > 2$，求 $x(n)$。

解 利用部分分式法得：

$$\frac{X(z)}{z} = \frac{2z}{(z+1)(z+2)^2} = \frac{A}{z+1} + \frac{B}{z+2} + \frac{C}{(z+2)^2}$$

显然

$$A = (z+1)\frac{X(z)}{z}\bigg|_{z=-1} = 2$$

$$B = \frac{\mathrm{d}}{\mathrm{d}z}\left[(z+2)^2\frac{X(z)}{z}\right]\bigg|_{z=-2} = 2$$

$$C = (z+2)^2\frac{X(z)}{z}\bigg|_{z=-2} = 4$$

所以

$$X(z) = \frac{-2z}{z+1} + \frac{2z}{z+2} + \frac{4z}{(z+2)^2}$$

根据上式对应的变换关系，可得：

$$x(n) = \left[-2(-1)^n + 2(-2)^n + n(-2)^{n+1}\right]u(n)$$

2.3　z 变换与拉普拉斯变换、傅里叶变换的关系

在第 1 章中已经讨论了序列可以由连续信号进行抽样得到，而对连续信号可以进行拉普拉斯变换和傅里叶变换，接下来，我们讨论离散信号的 z 变换与拉普拉斯变换、傅里叶变换之间的联系，以及它们之间相互转换的条件。

2.3.1　z 变换与拉普拉斯变换的关系

模拟信号 $x(t)$ 的理想冲激抽样表达式为

$$\hat{x}(t) = x(t)\sum_{n=-\infty}^{\infty}\delta(t-nT) = \sum_{n=-\infty}^{\infty}x(nT)\delta(t-nT)$$

将上式两边取拉氏变换得

$$\hat{X}(s) = \int_{-\infty}^{\infty} \hat{x}(t) e^{-st} \, dt = \sum_{n=-\infty}^{\infty} x(nT) e^{-nsT}$$

设 $s = \dfrac{1}{T}\ln z$，或者 $e^{sT} = z$，代入上式得

$$\hat{X}(s)\big|_{s=\frac{1}{T}\ln z} = \sum_{n=-\infty}^{\infty} x(nT) z^{-n} = X(z)$$

故　　　　　　　　　　$\hat{X}(s)\big|_{s=\frac{1}{T}\ln z} = X(z)$

或　　　　　　　　　　$X(z)\big|_{z=e^{sT}} = \hat{X}(s)$ 　　　　　　　(2-3-1)

因此，复变量 z 与 s 有下列关系

$$z = e^{sT} \tag{2-3-2}$$

式中，T 为序列的抽样周期。

为了说明 s 与 z 的映射关系，将 s 表示成直角坐标形式，而将 z 表示成极坐标形式，即

$$s = \sigma + j\Omega, \quad z = re^{j\omega}$$

将 s、z 代入式（2-3-2）得

$$re^{j\omega} = e^{(\sigma+j\Omega)T} = e^{\sigma T} e^{j\Omega T}$$

于是有

$$r = e^{\sigma T} \tag{2-3-3}$$

$$\omega = \Omega T \tag{2-3-4}$$

以上两式表明 s 平面与 z 平面之间有如下映射关系：

（1）s 平面上的虚轴（$\sigma = 0$，$s = j\Omega$）映射到 z 平面是单位圆（$r = 1$），其右半平面（$\sigma > 0$）映射到 z 平面是单位圆的圆外（$r > 1$），其左半平面（$\sigma < 0$）映射到 z 平面是单位圆的圆内（$r < 1$）。

（2）s 平面的实轴（$\Omega = 0$，$s = \sigma$）映射到 z 平面是正实轴（$\omega = 0$），s 平面平行于实轴的直线（Ω 为常数）映射到 z 平面是过原点的射线。

（3）由于 $e^{j\omega}$ 是 ω 的周期函数，因此 Ω 每增加一个 $2\pi/T$，就增加一个 2π，即重复旋转一周，z 平面重叠一次。所以 s 平面与 z 平面的映射关系并不是单值的。其映射关系分别如图 2-3-1 和图 2-3-2 所示。

由拉氏变换理论可知，模拟信号 $x(t)$ 的拉氏变换 $X(s)$ 与 $x(t)$ 的抽样信号 $\hat{x}(t)$ 的拉氏变换 $\hat{X}(s)$ 有如下关系：

$$\hat{X}(s) = \frac{1}{T} \sum_{m=-\infty}^{\infty} X(s - jm\Omega_s) \tag{2-3-5}$$

式中，$\Omega_s = 2\pi f_s = 2\pi/T$。

因此根据式（2-3-1）、式（2-3-5）可以得到：

$$X(z)\big|_{z=e^{sT}} = \hat{X}(s) = \frac{1}{T}\sum_{m=-\infty}^{\infty} X(s-jm\Omega_s) \quad (2-3-6)$$

式（2-3-6）反映了模拟信号的拉氏变换在 s 平面上沿虚轴周期延拓，周期为 Ω_s，同时反映了模拟信号的拉氏变换每一个周期与整个 z 平面成映射关系，它揭示了 s 平面与 z 平面映射关系的非单值性。式（2-3-6）即为 z 变换与拉氏变换关系。

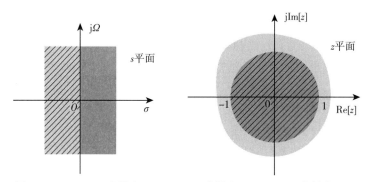

图 2-3-1　$\sigma>0$ 映射为 $r>1$，$\sigma=0$ 映射为 $r=l$，$\sigma<0$ 映射为 $r<1$

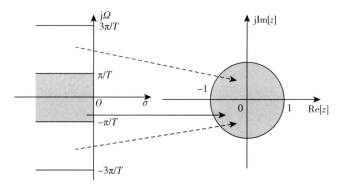

图 2-3-2　s 平面与 z 平面的多值映射关系

以 s 平面左边平面为例，右半平面类似

如果已知信号的拉氏变换，可对其求拉氏反变换，再抽样后求其 z 变换，可得：

$$\begin{aligned}
X(z) &= \sum_{n=0}^{\infty}\left[\frac{1}{2\pi j}\int_{\sigma-j\infty}^{\sigma+j\infty} X(s)e^{snT}ds\right]z^{-n} \\
&= \frac{1}{2\pi j}\int_{\sigma-j\infty}^{\sigma+j\infty} X(s)\sum_{n=0}^{\infty} e^{snT}z^{-n}ds \\
&= \frac{1}{2\pi j}\int_{\sigma-j\infty}^{\sigma+j\infty} \frac{X(s)}{1-e^{snT}z^{-1}}ds \\
&= \sum_{k} \operatorname{Res}\left[\frac{X(s)}{1-e^{snT}z^{-1}},s_k\right] \quad (2-3-7)
\end{aligned}$$

式中，s_k 表示 $X(s)$ 的极点。

如果 $x(t)$ 的拉氏变换 $X(s)$ 为部分分式形式，且只含有一阶极点 s_k，即

$$X(s) = \sum_k \frac{A_k}{s - s_k} \qquad (2-3-8)$$

此时，$\hat{x}(t)$ 的 z 变换必然为

$$X(z) = \sum_k \frac{A_k}{1 - z^{-1} e^{s_k T}} \qquad (2-3-9)$$

式中，A_k 为 $X(s)$ 在极点 s_k 处的留数。

因此，只要已知 $X(s)$ 的 A_k 和 s_k，可直接写出 $X(z)$。

2.3.2　序列的 z 变换和傅里叶变换的关系

由 s 平面与 z 平面的映射关系可知：s 平面虚轴映射到 z 平面单位圆上，s 平面虚轴上的拉氏变换就是傅里叶变换。因此，单位圆上的 z 变换即为序列的傅里叶变换。因此，若 $X(z) = \sum\limits_{n=-\infty}^{\infty} x(n) z^{-n}$ 在 $|z| = 1$ 上收敛，则序列的傅里叶变换为

$$X(z)\big|_{z=e^{j\omega}} = X(e^{j\omega}) = \sum_{n=-\infty}^{\infty} x(n) e^{j\omega n} \qquad (2-3-10)$$

根据 z 反变换公式：

$$x(n) = \frac{1}{2\pi j} \oint_c X(z) z^{n-1} \mathrm{d}z$$

如果选择上式中积分围线为单位圆，那么

$$x(n) = \frac{1}{2\pi} \int_{-\pi}^{\pi} X(e^{j\omega}) e^{j\omega n} \mathrm{d}\omega \qquad (2-3-11)$$

这样式（2-3-10）与式（2-3-11）就构成了序列的傅里叶变换

$$X(e^{j\omega}) = \sum_{n=-\infty}^{\infty} x(n) e^{-j\omega n}$$

$$x(n) = \frac{1}{2\pi} \int_{-\pi}^{\pi} X(e^{j\omega}) e^{j\omega n} \mathrm{d}\omega \qquad (2-3-12)$$

因为序列的傅里叶变换是单位圆上的 z 变换，所以它的一切特性都可以直接由 z 变换特性得到。$X(e^{j\omega})$ 称为序列的傅里叶变换或频谱。$X(e^{j\omega})$ 是 ω 的连续函数，周期为 2π。将 $s = j\Omega$，$z = e^{j\omega}$，$\omega = \Omega T$，代入式（2-3-6）有

$$X(e^{j\omega}) = \frac{1}{T} \sum_{m=-\infty}^{\infty} X(j\Omega - jm\Omega_s) = \frac{1}{T} \sum_{m=-\infty}^{\infty} X(j\frac{\omega - 2\pi m}{T})$$

$$(2-3-13)$$

式中，$\Omega_s = 2\pi/T$。

式（2-3-13）说明，虚轴上的拉氏变换，即理想抽样信号频谱（序列傅里叶变换）是其相应的连续时间信号频谱的周期延拓，周期为 Ω_s。同时式（2-3-13）也说明，数字频谱是其相应连续信号频谱周期延拓后再对抽样周期的归一化。称 ω 为数字域频率，Ω 为模拟域频率。$\omega = \Omega T$ 表示 z 平面角度变量 ω 与 s 平面频率变量的关系。所谓数字频率实质是 $\omega = \Omega/f_s$，即模拟频率对抽样频率的归一化。这个概念经常用在数字滤波器与数字谱分析中。

总之，对连续信号可以采用拉氏变换、傅里叶变换进行分析。傅里叶变换是虚轴上的拉氏变换，反映信号频谱。对于离散信号（序列），相应可采用 z 变换及序列傅里叶变换分析。序列傅里叶变换是单位圆上的 z 变换，反映的是序列频谱。理想抽样沟通了连续信号拉氏变换、傅里叶变换与抽样后序列 z 变换，以及序列傅里叶变换之间的关系。

2.4 离散系统响应的 z 域分析

线性时不变离散系统可以用常系数线性差分方程描述，即

$$\sum_{i=0}^{N} a_i y(n-i) = \sum_{j=0}^{M} b_j x(n-j)$$

式中，将上式两边取单边 z 变换，并利用 z 变换的位移公式可得

$$\sum_{i=0}^{N} a_i z^{-i} \left[Y(z) + \sum_{l=-i}^{-1} y(l) z^{-l} \right] = \sum_{j=0}^{M} b_j z^{-j} \left[X(z) + \sum_{m=-j}^{-1} x(m) z^{-m} \right]$$

整理得到

$$Y(z) = \frac{\sum_{j=0}^{M} b_j z^{-j} X(z)}{\sum_{i=0}^{N} a_i z^{-i}} + \frac{\sum_{j=0}^{M} \left[b_j z^{-j} \sum_{m=-j}^{-1} x(m) z^{-m} \right]}{\sum_{i=0}^{N} a_i z^{-i}} - \frac{\sum_{i=0}^{N} \left[a_i z^{-i} \sum_{l=-i}^{-1} y(l) z^{-l} \right]}{\sum_{i=0}^{N} a_i z^{-i}}$$

$$(2-4-1)$$

当系统处于 0 输入时，即 $x(n) = 0$，则使式（2-4-1）中前两项为 0，系统 0 输入响应的 z 变换为

$$Y(z) = -\frac{\sum_{i=0}^{N} \left[a_i z^{-i} \sum_{l=-i}^{-1} y(l) z^{-l} \right]}{\sum_{i=0}^{N} a_i z^{-i}} \qquad (2-4-2)$$

因此，系统 0 输入响应为

$$y(n) = Z^{-1} \left[Y(z) \right]$$

当系统处于 0 状态时，设 $n=0$ 时接入 $x(n)$，则 $l<0$ 时，$y(l) = 0$。式（2-4-1）中的第三项为 0，系统 0 状态响应的 z 变换为

$$Y(z) = \frac{\sum_{j=0}^{M} b_j z^{-j} X(z)}{\sum_{i=0}^{N} a_i z^{-i}} + \frac{\sum_{j=0}^{M} \left[b_j z^{-j} \sum_{m=-j}^{-1} x(m) z^{-m} \right]}{\sum_{i=0}^{N} a_i z^{-i}} \quad (2-4-3)$$

因此，系统 0 状态响应为

$$y(n) = Z^{-1}\left[Y(z) \right]$$

当激励 $x(n)$ 为因果序列，求 0 状态响应时，式（2-4-1）中的第二项和第三项为 0，系统 0 状态响应的 z 变换为

$$Y(z) = \frac{\sum_{j=0}^{M} b_j z^{-j} X(z)}{\sum_{i=0}^{N} a_i z^{-i}} \quad (2-4-4)$$

2.5　离散系统的系统函数和频率响应

2.5.1　离散系统的系统函数与系统特性

定义：LTI 离散系统的单位取样响应序列 $h(n)$ 的 z 变换称为系统的系统函数。

用 $H(z)$ 表示系统函数，即有

$$\sum_{n=-\infty}^{\infty} x(n) z^{-n} \quad (2-5-1)$$

如果 $x(n)$ 是 LTI 离散系统的输入序列，其 z 变换为 $X(z)$，而 $y(n)$ 为系统的输出序列，变换为 $Y(z)$，则由 z 变换的卷积定理可得

$$Y(z) = H(z) X(z) = X(z) H(z) \quad (2-5-2)$$

由式（2-5-2）有 $\qquad H(z) = \dfrac{Y(z)}{X(z)} \quad (2-5-3)$

式（2-5-3）提供了求 LTI 离散系统的系统函数的一种方法。

同一个 LTI 离散系统可以用时域的 $h(n)$ 来表征，也可以用频域的 $H(e^{j\omega})$ 来表征，还可用 z 域的系统函数 $H(z)$ 来描述，那么系统函数一定能反映系统的特性。

2.5.2　系统函数与差分方程的关系

一个 LTI 离散系统的输出序列 $y(n)$、输入序列 $x(n)$ 和单位取样响应序列 $h(n)$ 之间的关系为

$$y(n) = h(n) x(n) = \sum_{k=-\infty}^{\infty} h(k) x(n-k) \quad (2-5-4)$$

式（2-5-4）通常称为卷积公式，而从数学方面分析来看，其本质是差分方程。显然式（2-5-4）一般不能用于求解，需要加上一个前提条件，即系统为因果系统。在这一前提条件下，系统当前的输出只与当前和过去的输入、过去的输出有关，这样式（2-5-4）就可抽象地写为

$$y(n) = \sum_{k=1}^{N} a_k y(n-k) + \sum_{r=0}^{M} b_r x(n-r) \qquad (2-5-5)$$

一般因果 LTI 离散系统都可以用式（2-5-5）来近似描述，由于求和符号的上限都是有限值，因此可称为有限差分方程。

对式（2-5-5）两端进行 z 变换并考虑到 z 变换的移位性质，可以得到

$$Y(z) = \sum_{k=1}^{N} a_k z^{-k} Y(z) + \sum_{r=0}^{M} b_r z^{-r} X(z) \qquad (2-5-6)$$

由式（2-5-3）及式（2-5-6），则系统函数为

$$H(z) = \frac{Y(z)}{X(z)} = \frac{\sum_{r=0}^{M} b_r z^{-r}}{1 - \sum_{k=1}^{N} a_k z^{-k}} \qquad (2-5-7)$$

由于式（2-5-8）是两个多项式之比，因此一般都可以分解因式为

$$H(z) = \frac{A \prod_{r=1}^{M} (1 - c_r z^{-1})}{\prod_{k=1}^{N} (1 - d_k z^{-1})} \qquad (2-5-8)$$

由式（2-5-8）可以看出，系统的零点为 $z = c_r$，系统的极点为 $z = d_k$。可见，除了比例常数 A，系统函数完全由其全部零、极点来确定。

2.5.3 离散系统的频率响应

2.5.3.1 离散系统频率响应的意义

设离散系统的输入为 $x(n) = e^{jn\omega} u(n)$，系统的单位函数响应为 $h(n)$，则离散系统的零状态响应为 $h(n)$ 与 $x(n)$ 的卷积，即

$$\begin{aligned}
y_{zs}(n) &= \sum_{i=-\infty}^{\infty} h(i) x(n-i) \\
&= \sum_{i=-\infty}^{\infty} h(i) e^{j\omega(n-i)} \\
&= e^{jn\omega} \sum_{i=-\infty}^{\infty} h(i) e^{-j\omega i} \qquad (2-5-9)
\end{aligned}$$

上式中的 $\sum_{i=-\infty}^{\infty} h(i) e^{-j\omega i}$ 实际上就是 $h(n)$ 的 z 变换在 $z = e^{j\omega}$ 处的值：

$$H(e^{j\omega}) = H(z)\big|_{z=e^{j\omega}} = \sum_{i=-\infty}^{\infty} h(i)e^{-j\omega i} \qquad (2-5-10)$$

比较得知，系统频率响应 $H(e^{j\omega})$ 就是系统单位函数响应 $h(n)$ 的离散序列傅里叶变换。则可将式（2-5-9）表示为

$$y_{zs}(n) = e^{j\omega n}H(e^{j\omega}) \qquad (2-5-11)$$

上式说明，系统对复正弦序列的稳态响应仍是同频率的离散指数复正弦序列，其系统特性为 $H(e^{j\omega})$，设 $H(e^{j\omega}) = |H(e^{j\omega})|e^{j\varphi(\omega)}$，上式可以表示为

$$y_{zs}(n) = |H(e^{j\omega})|e^{j[\omega n + \varphi(\omega)]} \qquad (2-5-12)$$

其中，$H(e^{j\omega})$ 的模量 $|H(e^{j\omega})|$ 反映了系统对频率为 ω 的复正弦信号幅度的影响，$H(e^{j\omega})$ 的相角 $\varphi(\omega)$ 反映了系统对频率为 ω 的复正弦信号相位的影响。

从式（2-5-12）可以知道，$e^{j\omega}$ 为周期函数，因而离散系统的频率响应 $H(e^{j\omega})$ 必然也为周期函数，周期为序列重复频率 ω_s（若 $T=1$，则 $\omega_s=2\pi$），因此，对离散时间系统的频率特性分析只要在一个周期内进行就可以了。

与模拟滤波器相比较，离散系统（数字滤波器）按其频率特性也有低通、带通、高通、带阻、全通之分。鉴于频率响应具有周期性，因此这些特性完全可以在 $-\dfrac{\omega_s}{2} \leqslant \omega \leqslant \dfrac{\omega_s}{2}$ 范围内区分，如图 2-5-1 所示。

2.5.3.2　系统频率响应的几何分析法

离散系统可以用系统函数 $H(z)$ 在 z 平面上零极点分布，通过几何分析法简便地表示出离散系统的频率响应特性。

离散系统函数 $H(z)$ 为

$$H(z) = \frac{\prod_{r=1}^{M}(z-z_r)}{\prod_{n=1}^{N}(z-p_n)}$$

设 $z=e^{j\omega}$ 可以得到离散系统的频率响应特性为

$$H(e^{j\omega}) = \frac{\prod_{r=1}^{M}(e^{j\omega}-z_r)}{\prod_{n=1}^{N}(e^{j\omega}-p_n)} = |H(e^{j\omega})|e^{j\varphi(\omega)}$$

令 $e^{j\omega}-z_r = A_r e^{j\psi_r}$，$e^{j\omega}-p_n = B_n e^{j\theta_n}$，于是幅度响应为

$$|H(e^{j\omega})| = \frac{\prod_{r=1}^{M}A_r}{\prod_{n=1}^{N}B_n} \qquad (2-5-13)$$

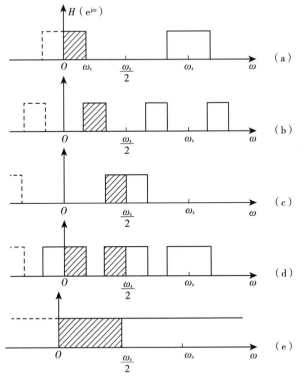

图 2-5-1 离散系统的各种频率响应

（a）低通 （b） 带通 （c）高通 （d）带阻 （e）全通

相位响应为

$$\varphi(\omega) = \sum_{r=1}^{M} \psi_r - \sum_{n=1}^{N} \theta_n \qquad (2-5-14)$$

式中，A_r、ψ_r 分别代表 z 平面上的零点到单位圆上某点 $e^{j\omega}$ 的矢量（$e^{j\omega} - z_r$）的长度与幅角；B_n、θ_n 分别表示 z 平面上极点 p_n 到单位圆某点 $e^{j\omega}$ 的矢量（$e^{j\omega} - p_n$）的长度与幅角。如图 2-5-2 所示，随着单位圆上的 D 点不断移动，就可以得到全部的频率响应，C 点对应于 $\omega = 0$，E 点对应于 $\omega = \dfrac{\omega_s}{2}$。由于离散系统频响是周期性的，因此只要 D 点转一周就可以了。利用几何分析法可以比较方便地由系统函数 $H(z)$ 的零极点位置求出该系统的频率响应。

从几何分析法中，不难得出以下几点：

（1）$z = 0$ 处的零极点对幅频特性 $|H(e^{j\omega})|$ 没有影响，只对相位有影响。

（2）当 $e^{j\omega}$ 点旋转到某个极点 p_n 附近时，如在同一半径上，B_n 较短，则 $|H(e^{j\omega})|$ 在该点应出现一个峰值，B_n 越短，则频响在峰值附近越尖锐。如果

p_n 落在单位圆上，$B_n=0$，则频率响应的峰值趋于无穷大。对于零点而言其作用与极点恰恰相反。

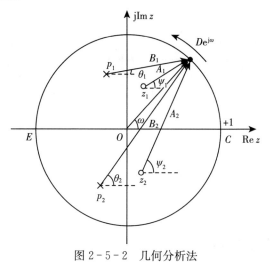

图 2 - 5 - 2　几何分析法

例 2 - 5 - 1　已知系统的差分方程为

$$y(n)-2\cos(\frac{2\pi}{N})y(n-1)+y(n-2)=x(n)-\cos(\frac{2\pi}{N})x(n-1)$$

求系统函数及单位函数响应，并大致画出系统函数 $H(z)$ 的零极点图及系统幅度响应。

解　对系统的差分方程实施 z 变换得到系统函数为

$$H(z)=\frac{1-\cos(\frac{2\pi}{N})z^{-1}}{1-\cos(\frac{2\pi}{N})z^{-1}+z^{-2}}$$

$$=\frac{z\left[z-\cos(\frac{2\pi}{N})\right]}{z^2-2\cos(\frac{2\pi}{N})z+1}$$

对系统函数进行反 z 变换得到系统的冲激响应序列

$$h(n)=\cos(\frac{n\cdot 2\pi}{N})u(n)$$

根据 $H(z)$ 得到其零点 $z_1=0$，$z_2=\cos(\frac{2\pi}{N})$；极点 $p_1=\mathrm{e}^{\mathrm{j}\frac{2\pi}{N}}$，$p_2=\mathrm{e}^{-\mathrm{j}\frac{2\pi}{N}}$。可以得到频率响应为

$$H(\mathrm{e}^{\mathrm{j}\omega})=\frac{1-\cos(\frac{2\pi}{N})\mathrm{e}^{-\mathrm{j}\omega}}{1-2\cos(\frac{2\pi}{N})\mathrm{e}^{-\mathrm{j}\omega}+\mathrm{e}^{-2\mathrm{j}\omega}}$$

根据系统的零极点大致画出系统的频率响应，如图 2-5-3 所示。

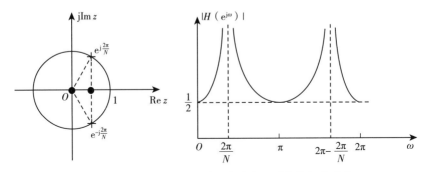

图 2-5-3 系统的函数零极点分布及系统的频率响应

例 2-5-2 某一阶离散系统的差分方程为

$$y(n) - a_1 y(nk-1) = x(n), 0 < a_1 < 1$$

求该离散系统的频率响应。

解 在零状态条件下，对系统方程两边求单边 z 变换，得

$$Y(z) - a_1 z^{-1} Y(z) = X(z)$$

其系统函数为

$$Y(z) - a_1 z^{-1} H(z) = \frac{Y(z)}{X(z)} = \frac{z}{z - a_1}, |z| > a_1$$

单位函数响应为

$$h(n) = a_1^n u(n)$$

该一阶系统的频率响应为

$$H(e^{j\omega}) = \frac{e^{j\omega}}{e^{j\omega} - a_1} = \frac{1}{(1 - a_1 \cos \omega) + ja_1 \sin \omega}$$

幅度响应为

$$H(e^{j\omega}) = \frac{1}{\sqrt{1 + a_1^2 - 2a_1 \cos \omega}}$$

相位响应为

$$\varphi(\omega) = -\arctan\left(\frac{a_1 \sin \omega}{1 - a_1 \cos \omega}\right)$$

系统的零极点分布，$h(n)$，$|H(e^{j\omega})|$，$\varphi(\omega)$ 的波形分别如图 2-5-4 (a)、(b)、(c)、(d) 所示。

为了保证该系统稳定，要求 $|a_1| < 1$。若 $0 < a_1 < 1$，则系统呈"低通"特性；若 $-1 < a_1 < 0$，则系统呈"高通"特性；若 $a_1 = 0$，则系统呈"全通"特性。

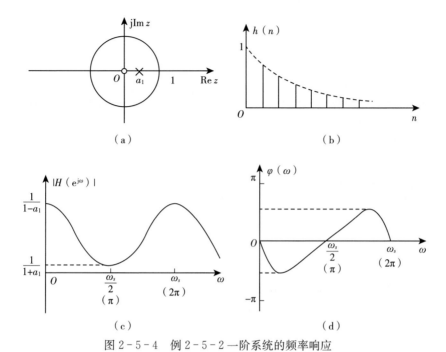

（a）

（b）

（c）

（d）

图 2－5－4　例 2－5－2 一阶系统的频率响应

（a）系统的零极点分布；（b）h（n）的波形；（c）｜H（$e^{j\omega}$）｜的波形；（d）φ（ω）的波形

第 3 章
离散傅里叶变换及其快速算法

计算机是进行数字信号处理的主要工具，计算机只能处理有限长序列，这就决定了有限长序列处理在数字信号处理中的重要地位。离散傅里叶变换建立了有限长序列与其近似频谱之间的联系，在理论上具有重要意义。它的一个显著特点就是时域和频域都是有限长序列，它适宜于用计算机或专用数字信号处理设备来实现，而且由于离散傅里叶变换有其快速算法，即快速傅里叶变换（FFT），因此它在数字信号处理技术中起着核心作用。

3.1 周期序列的离散傅里叶级数及性质

若以 $\tilde{x}(n)$ 表示一个周期序列，它具有如下性质：
$$\tilde{x}(n) = \tilde{x}(n+rN)$$

式中，r 为任意整数；N 为正整数，表示该序列的一个周期的长度。由于周期序列随 N 在（$-\infty$，∞）区间周而复始地变化，因而在整个 z 平面找不到一个衰减系数 $|z|$ 使周期序列绝对可和，即满足

$$\sum_{n=-\infty}^{\infty} |\tilde{x}(n)| \, |z^{-n}| < \infty$$

因此，周期序列 $|\tilde{x}(n)|$ 不能进行 z 变换。但是，类似于连续时间的周期信号可以展开成复指数函数的傅里叶级数，周期序列也可以展开成复指数序列的离散傅里叶级数，即用周期为 N 的复指数序列来表示周期序列。

3.1.1 周期序列的离散傅里叶级数

设 $\tilde{x}(n)$ 是以 N 为周期的周期序列，与连续时间周期信号一样，因为具有周期性，$\tilde{x}(n)$ 也可以展开成傅里叶级数，该级数相当于成谐波关系的复

指数序列之和，也就是说，复指数序列的频率是与周期序列 $\tilde{x}(n)$ 有关的基频 $\frac{2\pi}{N}$ 的整数倍。这些周期性复指数的形式为

$$e_k(n) = e^{j\frac{2\pi}{N}kn}$$

一个连续时间周期信号的傅里叶级数通常需要无穷多个成谐波关系的复指数表示，但是由于 $e_k(n)$ 满足以下公式：

$$e_{k+rN}(n) = e^{j\frac{2\pi}{N}(k+rN)n}e_k(n) = e^{j\frac{2\pi}{N}kn} = e_k(n)$$

所以，对于周期为 N 的离散时间信号的傅里叶级数，只需要 N 个呈谐波关系的复指数序列 $e_0(n)$，$e_1(n)$，$\cdots$，$e_{N-1}(n)$，也就是说，级数展开式中只有 N 个独立的谐波。这样，一个周期序列 $\tilde{x}(n)$ 的离散傅里叶级数具有如下形式：

$$\tilde{x}(n) = \frac{1}{N}\sum_{k=0}^{N-1}\tilde{X}(k)e^{j\frac{2\pi}{N}kn} \tag{3-1-1}$$

式中，$\tilde{X}(k)$ 为傅里叶级数的系数。为求系数 $\tilde{X}(k)$，将利用复指数序列集的正交性。式（3-1-1）两边同乘以 $e^{-j\frac{2\pi}{N}nm}$，并从 $n=0$ 到 $n=N-1$ 求和，可以得到下列公式：

$$\sum_{n=0}^{N-1}\tilde{x}(n)e^{-j\frac{2\pi}{N}nm} = \sum_{n=0}^{N-1}\frac{1}{N}\Big[\sum_{k=0}^{N-1}\tilde{X}(k)e^{j\frac{2\pi}{N}kn}\Big]e^{-j\frac{2\pi}{N}nm} \tag{3-1-2}$$

交换等号右边的求和顺序，式（3-1-2）变为

$$\sum_{n=0}^{N-1}\tilde{x}(n)e^{-j\frac{2\pi}{N}nm} = \sum_{k=0}^{N-1}\tilde{X}(k)\Big[\sum_{n=0}^{N-1}\frac{1}{N}e^{j\frac{2\pi}{N}(k-m)n}\Big] \tag{3-1-3}$$

式中，若 k，m 都是整数，则

$$\frac{1}{N}\sum_{n=0}^{N-1}e^{j\frac{2\pi}{N}(k-m)n} = \begin{cases} N, & k-m=rN,\text{为整数} \\ 0 & \text{其他} \end{cases} \tag{3-1-4}$$

对于 $k-m=rN$，无论 n 取何值，式（3-1-4）总是成立。对于 $k-m\neq rN$ 的情况有

$$\frac{1}{N}\sum_{n=0}^{N-1}e^{j\frac{2\pi}{N}(k-m)n} = \frac{1}{N}\frac{1-e^{j\frac{2\pi}{N}(k-m)N}}{1-e^{j\frac{2\pi}{N}(k-m)}}$$

因为 $e^{j\frac{2\pi}{N}(k-m)N}=1$，所以 $k-m\neq rN$ 时，有

$$\frac{1}{N}\sum_{n=0}^{N-1}e^{j\frac{2\pi}{N}(k-m)n} = 0$$

将式（3-1-4）代入式（3-1-3）中括号内的求和运算，可以得出

$$\tilde{X}(k) = \sum_{n=0}^{N-1}\tilde{x}(n)e^{-j\frac{2\pi}{N}kn} \tag{3-1-5}$$

式（3-1-5）虽然是用来求从 $k=0$ 到 $k=N-1$ 的 N 次谐波系数，但该式本身也是一个用 N 个独立谐波分量组成的傅里叶级数，它们所表达的也应

该是一个以 N 为周期的周期序列 $\widetilde{X}(k)$，即

$$\widetilde{X}(k+r\mathrm{N}) = \sum_{n=0}^{N-1}\widetilde{x}(n)\mathrm{e}^{-\mathrm{j}\frac{2\pi}{N}(k+rN)n} = \sum_{n=0}^{N-1}\widetilde{x}(n)\mathrm{e}^{-\mathrm{j}\frac{2\pi}{N}kn} = \widetilde{X}(k)$$

所以，时域上周期为 N 的周期序列，其离散傅里叶级数在频域上仍然是一个周期为 N 的周期序列。这样，对于周期序列的离散傅里叶级数表示式，在时域和频域之间存在对偶性。式（3-1-1）和式（3-1-5）一起考虑，可以把它们看作一个变换对，称为周期序列的离散傅里叶级数系数。习惯上使用下列符号表示复指数

$$W_N = \mathrm{e}^{-\mathrm{j}\frac{2\pi}{N}}$$

则将式（3-1-1）和式（3-1-5）重写如下

$$\widetilde{X}(k) = \mathrm{DFS}[\widetilde{x}(n)] = \sum_{n=0}^{N-1}\widetilde{x}(n)\mathrm{e}^{-\mathrm{j}\frac{2\pi}{N}kn} = \sum_{n=0}^{N-1}\widetilde{x}(n)W_N^{kn}$$

$$(3-1-6)$$

$$\widetilde{x}(n) = \mathrm{IDFS}[\widetilde{X}(k)] = \frac{1}{N}\sum_{k=0}^{N-1}\widetilde{X}(k)\mathrm{e}^{\mathrm{j}\frac{2\pi}{N}kn} = \frac{1}{N}\sum_{k=0}^{N-1}\widetilde{X}(k)W_N^{-kn}$$

$$(3-1-7)$$

式（3-1-7）表明可以将周期序列分解成 N 个谐波分量的叠加，第 k 个谐波分量的频率为 $\omega_k = \frac{2\pi}{N}k$，$k = 0,\ 1,\ 2,\ \cdots,\ N-1$，幅度为 $\frac{1}{N}\widetilde{X}(k)$。基波分量的频率是 $\frac{2\pi}{N}$，幅度为 $\frac{1}{N}\widetilde{X}(1)$。周期序列 $\widetilde{x}(n)$ 可以用其离散傅里叶级数的系数 $\widetilde{X}(k)$ 表示其频谱分布规律。

3.1.2　周期序列离散傅里叶级数的性质

$\widetilde{X}_1(k) = \mathrm{DFS}[\widetilde{x}_1(n)]$，$\widetilde{X}_2(k) = \mathrm{DFS}[\widetilde{x}_2(n)]$，$\widetilde{X}(k) = \mathrm{DFS}[\widetilde{x}(n)]$.

设 $\widetilde{x}_1(n)$ 和 $\widetilde{x}_2(n)$ 都是周期为 N 的两个周期序列，

（1）线性性质。

设 $\widetilde{x}_1(n)$ 和 $\widetilde{x}_2(n)$ 都是周期为 N 的两个周期序列，若

$$\widetilde{X}_1(k) = \mathrm{DFS}[\widetilde{x}_1(n)]，\widetilde{X}_2(k) = \mathrm{DFS}[\widetilde{x}_2(n)]$$

则

$$\mathrm{DFS}[a\widetilde{x}_1(n) + b\widetilde{x}_2(n)] = a\widetilde{X}_1(k) + b\widetilde{X}_2(k)$$

式中，a、b 为任意常数。

（2）时域移位性质。

设 $\widetilde{x}(n)$ 是周期为 N 的周期序列，若

$$\widetilde{X}(k) = \mathrm{DFS}[\widetilde{x}(n)]$$

则其移位序列 $\tilde{x}(n+m)$ 的离散傅里叶级数为

$$\text{DFS}[\tilde{x}(n+m)] = W_N^{-km}\tilde{X}(k)$$

（3）频域移位（调制）性质。

设 $\tilde{x}(n)$ 是周期为 N 的周期序列，若将其 DFS $\tilde{X}(k)$ 移位 m 后得 $\tilde{X}(k)$，则有

$$\tilde{X}(k+m) = \text{DFS}[W_N^{mn}\tilde{x}(n)]$$

该定理说明，对周期序列在时域乘以虚指数 $e^{-j\frac{2\pi}{N}n}$ 的 m 次幂，则相当于在频域搬移 m，所以又称为调制定理。

（4）对偶性质。

连续时间信号的傅里叶变换在时域和频域存在对偶性。但是，非周期序列和它的离散时间傅里叶变换是两类不同的函数，时域是离散的序列，频域则是连续周期函数，因而不存在对偶性。由式（3-1-6）和式（3-1-7）可以看出，它们只差系数 $\frac{1}{N}$ 和指数 W_N 的符号。另外，周期序列和它的 DFS 系数为同类函数，均为周期序列。由式（3-1-7）可得

$$N\tilde{x}(-n) = \sum_{k=0}^{N-1}\tilde{X}(k)W_N^{kn} \tag{3-1-8}$$

将式（3-1-8）中的 n 和 k 互换，可得

$$N\tilde{x}(-k) = \sum_{n=0}^{N-1}\tilde{X}(n)W_N^{kn} \tag{3-1-9}$$

式（3-1-9）与式（3-1-7）相似，即周期序列 $\tilde{X}(n)$ 的 DFS 系数是 $N\tilde{x}(-k)$。该对偶性概括如下：

若 $\text{DFS}[\tilde{x}(n)] = \tilde{X}(k)$，则 $\text{DFS}[\tilde{X}(n)] = N\tilde{x}(-n)$。

（5）周期卷积定理。

若 $\tilde{x}_1(n)$ 和 $\tilde{x}_2(n)$ 是两个周期为 N 的周期序列，则称

$$\tilde{y}(n) = \sum_{m=0}^{N-1}\tilde{x}_1(m)\tilde{x}_2(n-m) = \sum_{m=0}^{N-1}\tilde{x}_2(m)\tilde{x}_1(n-m)$$

为周期序列 $\tilde{x}_1(n)$ 和 $\tilde{x}_2(n)$ 的周期卷积。周期卷积与线性卷积具有类似的形式，但是求和区间和卷积结果与线性卷积不同。周期卷积中的 $\tilde{x}_1(m)$ 和 $\tilde{x}_2(n-m)$ 都是变量 m 的周期序列，周期为 N，二者乘积也是周期为 N 的序列，求和运算只在一个周期内进行，所得结果序列 $\tilde{y}(n)$ 也是以 N 为周期的周期序列。而两个长度为 N 的序列的线性卷积结果的长度为 $2N-1$ 的序列。周期卷积满足交换率。

图 3-1-1 给出了两序列周期卷积的过程。具体如下：

a. 画出 $\tilde{x}_1(m)$ 和 $\tilde{x}_2(m)$ 的图形，如图 3-1-1（a）、（b）所示。

b. 将 $\tilde{x}_2(m)$ 以 $m=0$ 为轴反褶，得到 $\tilde{x}_2(-m)=\tilde{x}_2(0-m)$，此时 $n=0$，如图 3-1-1（c）所示。

c. 在一个周期内将 $\tilde{x}_2(-m)$ 与 $\tilde{x}_1(m)$ 对应点相乘、求和得到 $\tilde{y}(0)$。

d. 将 $\tilde{x}_2(-m)$ 移位得到 $\tilde{x}_2(1-m)$，如图 3-1-1（d）所示。在一个周期内，将 $\tilde{x}_2(1-m)$ 与 $\tilde{x}_1(m)$ 对应点相乘、求和得到 $\tilde{y}(1)$。

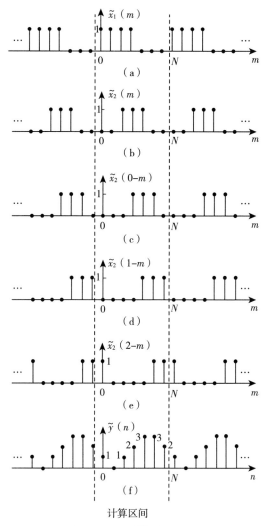

计算区间

图 3-1-1 周期卷积过程

(a) $\tilde{x}_1(m)$；(b) $\tilde{x}_2(m)$；(c) $\tilde{x}_2(0-m)$；(d) $\tilde{x}_2(1-m)$；(e) $\tilde{x}_2(2-m)$；(f) $\tilde{y}(n)$

e. 继续移位、相乘、求和，直到得到一个周期的 $\tilde{y}(n)$。由于序列的周期性，当序列 $\tilde{x}_2(n-m)$ 移向左边或右边时，离开两条虚线之间的计算区间一端的值又会重新出现在另一端，所以没有必要继续计算在区间 $0 \leqslant n \leqslant N-1$ 之外的值。周期卷积结果 $\tilde{y}(n)$ 如图 3-1-1（f）所示。

$\tilde{x}_1(n)$ 和 $\tilde{x}_2(n)$ 的周期卷积序列 $\tilde{y}(n)$ 的 DFS 为

$$\tilde{Y}(k) = \mathrm{DFS}[\tilde{y}(n)] = \tilde{X}_1(k)\tilde{X}_2(k)$$

时域周期序列的乘积对应频域周期序列的周期卷积，即若

$$\tilde{y}(n) = \tilde{x}_1(n)\tilde{x}_2(n)$$

则

$$\tilde{Y}(k) = \mathrm{DFS}[\tilde{y}(n)] = \frac{1}{N}\sum_{m=0}^{N-1}\tilde{X}_1(m)\tilde{X}_2(k-m) = \frac{1}{N}\sum_{m=0}^{N-1}\tilde{X}_1(k-m)\tilde{X}_2(m)$$

3.1.3 周期序列的傅里叶变换

先讨论复指数序列 $e^{j\omega_0 n}$ 的傅里叶变换。

在连续时间系统中，$x(t) = e^{j\Omega_0 t}$ 的傅里叶变换是在 $\Omega = \Omega_0$ 处的单位冲激函数，强度是 2π，即

$$X(j\Omega) = F[x(t)] = \int_{-\infty}^{\infty} e^{j\Omega_0 t} e^{j\Omega t} dt = 2\pi\delta(\Omega - \Omega_0)$$

$$(3-1-10)$$

对于复指数序列 $\tilde{x}(n) = e^{j\omega_0 n}$（$\frac{2\pi}{\omega_0}$ 为有理数），暂时假设其傅里叶变换的形式与式（3-1-10）一样，也是在 $\omega = \omega_0$ 处的单位冲激函数，强度为 2π，考虑 $e^{j\omega_0 n}$ 的周期性，即

$$e^{j\omega_0 n} = e^{j(\omega_0 + 2\pi r)n}, r \text{ 取整数}$$

则 $e^{j\omega_0 n}$ 的傅里叶变换为

$$\tilde{X}(e^{j\omega}) = \mathrm{DTFT}[e^{j\omega_0 n}] = \sum_{r=-\infty}^{\infty} 2\pi\delta(\omega - \omega_0 - 2\pi r)$$

$$(3-1-11)$$

式（3-1-11）表示复指数序列的傅里叶变换是在 $\omega_0 + 2\pi r$ 处的单位冲激函数，强度为 2π，如图 3-1-2 所示。这种假设如果成立，则要求其反变换序列（IDTFT）必须存在且唯一，等于 $e^{j\omega_0 n}$。

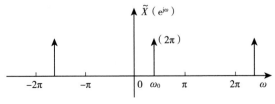

图 3-1-2 $e^{j\Omega_0 n}$ 的傅里叶变换

根据序列傅里叶反变换定义，得：

$$\text{IDTFT}\widetilde{X}(\text{e}^{\text{j}\omega}) = \frac{1}{2\pi}\int_{-\pi}^{\pi}\widetilde{X}(\text{e}^{\text{j}\omega})\text{e}^{\text{j}\omega n}\text{d}\omega = \frac{1}{2\pi}\int_{-\pi}^{\pi}\sum_{-\infty}^{\infty}2\pi\delta(\omega - \omega_0 - 2\pi r)\text{e}^{\text{j}\omega n}\text{d}\omega$$

观察图 3-1-2，在 $-\pi \sim \pi$ 区间内，仅包括一个单位冲激函数，则上述等式右边为 $\text{e}^{\text{j}\omega_0 n}$，因此得

$$\text{e}^{\text{j}\omega_0 n} = \frac{1}{2\pi}\int_{-\pi}^{\pi}\widetilde{X}(\text{e}^{\text{j}\omega})\text{e}^{\text{j}\omega n}\text{d}\omega = \text{DTFT}^{-1}[\widetilde{X}(\text{e}^{\text{j}\omega})]$$

从而证明了式 (3-1-11) 确实是 $\text{e}^{\text{j}\omega_0 n}$ 的傅里叶变换，前面的假设是正确的。

对于一般周期序列 $\tilde{x}(n)$，可以按式 (3-1-6) 展开成 DFS，第 k 次谐波为 $\frac{\widetilde{X}(k)}{N}\text{e}^{\text{j}\frac{2\pi}{N}kn}$，由式 (3-1-11) 可知，其傅里叶变换为 $\left[\frac{2\pi\widetilde{X}(k)}{N}\right]\sum_{r=-\infty}^{\infty}\delta(\omega - \frac{2\pi}{N}k - 2\pi r)$

因此，$\tilde{x}(n)$ 的傅里叶变换表达式为

$$\widetilde{X}(\text{e}^{\text{j}\omega}) = \text{DTFT}[\tilde{x}(n)] = \sum_{k=0}^{N-1}\frac{2\pi\widetilde{X}(k)}{N}\sum_{r=-\infty}^{\infty}\delta(\omega - \frac{2\pi}{N}k - 2\pi r)$$

式中，$k = 0, 1, 2, \cdots, N-1$，r 为整数。如果让 k 在 $-\infty \sim \infty$ 变化，上式可简化为

$$\widetilde{X}(\text{e}^{\text{j}\omega}) = \frac{2\pi}{N}\sum_{k=-\infty}^{\infty}\widetilde{X}(k)\delta(\omega - \frac{2\pi}{N}k) \qquad (3-1-12)$$

式中，$\widetilde{X}(k) = \sum_{n=0}^{N-1}\tilde{x}(n)\text{e}^{-\text{j}\frac{2\pi}{N}kn}$。

式 (3-1-12) 就是一般周期序列的傅里叶变换表示式。需要说明的是，上面公式中的 $\delta(\omega)$ 表示单位冲激函数，而 $\delta(n)$ 表示单位抽样序列，括号中的自变量不同不会引起混淆。

3.2 离散傅里叶变换及性质

3.2.1 离散傅里叶变换的基本概念

3.2.1.1 DFT 的定义

一个有限长序列 $x(n) = \begin{cases} x(n), & 0 \leqslant n \leqslant N-1 \\ 0, & \text{其他} \end{cases}$ 的 N 点离散傅里叶变换 (Discrete Fourier Transform，DFT) 定义为

$$X(k) = \text{DFT}[x(n)] = \begin{cases} \sum_{n=0}^{N-1}x(n)W_N^{kn}, & 0 \leqslant k \leqslant N-1 \\ 0, & \text{其他} \end{cases}$$

$$(3-2-1)$$

$$x(n) = \mathrm{IDFT}[X(k)] = \begin{cases} \dfrac{1}{N}\sum\limits_{k=0}^{N-1} X(k)W_N^{-kn}, & 0 \leqslant n \leqslant N-1 \\ 0, & \text{其他} \end{cases}$$

$$(3-2-2)$$

式（3-2-1）和式（3-2-2）均为正规非病态线性方程组，有唯一解。因此长度为 N 的有限长序列的 x（n）仍然是一个长度为 N 的频域有限长序列，x（n）与 X（k）有唯一确定的对应关系。

3.2.1.2　DFT 的点数

长度为 N 的有限长序列 x（n）可通过补零成为长度为 M 的有限长序列 x_M（n），即

$$x_M(n) = \begin{cases} x(n), & 0 \leqslant n \leqslant N-1 \\ 0, & N \leqslant n \leqslant M-1\,(\text{补 }0) \\ 0, & \text{其他} \end{cases}$$

一般认为，对 x（n）补 0 并没有改变序列的本质，在实际应用中也常如此处理。但是其 DFT 的结果变化很大，此时的离散傅里叶变换应为 M 点，即

$$X_M(k) = \sum_{n=0}^{M-1} x(n)W_M^{kn} = \sum_{n=0}^{N-1} x(n)W_M^{kn}, \quad 0 \leqslant k \leqslant M-1$$

由于 $W_N^{kn} \neq W_M^{kn}$，因而 X_M（k）一般与 X（k）不相等。因此一个有限长序列可以进行大于其序列长度的任意点数的离散傅里叶变换，具体的点数可根据实际需要选定，但由于频率点的变化，不同点数的离散傅里叶变换的结果一般是不同的。

3.2.1.3　DFT 与 DFS 之间的关系

把一个有限长序列 x（n）看成周期序列 $\tilde{x}$（n）的主值序列，就能利用周期序列的性质。由于周期序列 $\tilde{x}$（n）的离散傅里叶级数为 $\tilde{X}$（k），因此，$\tilde{X}$（k）的主值序列即为有限长序列 x（n）的离散傅里叶变换 X（k）。即存在

$$x(n) = \tilde{x}(n)R_N(n) = \mathrm{IDFS}[\tilde{X}(k)] \cdot R_N(n)$$

$$X(k) = \tilde{X}(k)R_N(k) = \mathrm{DFS}[\tilde{x}(n)] \cdot R_N(k)$$

或者

$$\tilde{x}(n) = x((n))_N$$

$$\tilde{X}(k) = X((k))_N$$

DFT 与 DFS 有着固有的内在联系。可以这样来理解有限长序列 x（n）的 N 点离散傅里叶变换：把 x（n）以 N 为周期进行周期延拓，得到周期序列 $\tilde{x}$（n），求 $\tilde{x}$（n）的 DFS，得到 $\tilde{X}$（k），对 $\tilde{X}$（k）取主值序列，即可得到 X（k）。这一关系也可以用图 3-2-1 来说明。

DFT 与 DFS 之间的关系表明，有限长序列 x（n）的 N 点离散傅里叶变换 X（k）虽然也是 N 点长的有限长序列，但 DFT 隐含有周期性。

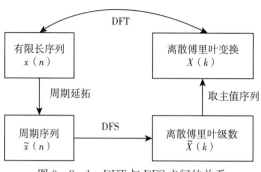

图 3-2-1　DFT 与 DFS 之间的关系

3.2.1.4　DFT 与 z 变换及 DTFT 之间的关系

若 $x(n)$ 是长度为 N 的有限长序列，则其 z 变换 $X(z)$ 的收敛域为整个 z 平面（可能不包含 $z=0$ 与 $z=\infty$），自然也包括单位圆。若对单位圆进行 N 等分，即在单位圆上等间隔取 N 个点，如图 3-2-2（a）所示。等分后的第 k 个点 $z^k=\mathrm{e}^{\mathrm{j}\frac{2\pi}{N}k}=W_N^{-k}$ 的 Z 变换值为

$$X(z^k)=\sum_{n=0}^{N-1}x(n)z^{-n}\Big|_{z=z_k=\mathrm{e}^{\mathrm{j}\frac{2\pi}{N}k}}=\sum_{n=0}^{N-1}x(n)\mathrm{e}^{-\mathrm{j}\frac{2\pi}{N}nk}=\sum_{n=0}^{N-1}x(n)W_N^{nk}=X(k)$$

可见，$x(n)$ 的 DFT $X(k)$ 是其 z 变换 $X(z)$ 在单位圆上的 N 个等间隔抽样值。

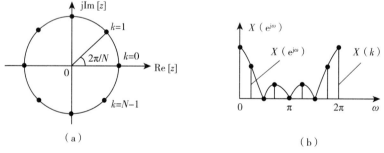

（a）　　　　　　　　　　　　　　　（b）

图 3-2-2　DFT 与 $X(z)$ 及 DTFT 关系

（a）z 平面单位圆上 N 等分点　　（b）$X(k)$ 是 $X(\mathrm{e}^{\mathrm{j}\omega})$ 的取样值

单位圆上的 z 变换就是序列的 DTFT，所以 $X(k)$ 是 $x(n)$ 的傅里叶变换 $X(\mathrm{e}^{\mathrm{j}\omega})$ 在各频率点 $\omega_k=\dfrac{2\pi}{N}k$ $(k=0,1,2,\cdots,N-1)$ 上的抽样值，其抽样间隔为 $\dfrac{2\pi}{N}$，如图 3-2-2（b）所示。所以序列的 DFT 和 DTFT 之间的关系为

$$X(k)=X(\mathrm{e}^{\mathrm{j}\omega})\Big|_{\omega=\frac{2\pi}{N}k}$$

总之，对 z 变换 $X(z)$ 在单位圆上等间隔抽样或对 $X(\mathrm{e}^{\mathrm{j}\omega})$ 等间隔抽样

就可得到 DFT。

3.2.2　DFT 的主要性质

设 $x_1(n)$ 与 $x_2(n)$ 均为 N 点有限长序列，并有 $\text{DFT}[x_1(n)]=X_1(k)$，$\text{DFT}[x_2(n)]=X_2(k)$，$\text{DFT}[x(n)]=X(k)$，$\text{DFT}[x(n)]=X(k)$，且 $X_1(k)$ 与 $X_2(k)$ 的点数相同。DFT 主要性质如下。

（1）线性。

$$\text{DFT}[ax_1(n)+bx_2(n)]=aX_1(k)+bX_2(k)$$

式中，a，b 为任意常数。

（2）圆周移位。

$$y(n)=x((n+m))_N R_N(n)$$

圆周移位可有两种理解方式：

其一，将 $x(n)$ 周期延拓成周期序列 $x((n))_N$ 后，集体向左移动 m 位后再取主值序列，如图 3-2-3（a）所示。有限长序列的圆周移位局限于 $n=0$ 到 $N-1$ 的主值区间内的循环移位，当某些样本从一端移出该区间时，需要将这些样本从另一端循环移回来。

其二，既然称为圆周移位，就可以与圆周联系起来，如图 3-2-3 所示，将一个圆周 N 等分的交点按逆时针依次排列 $x(n)$（通常把水平的右端点记为 O 点，对应 $x(0)$ 的序列值），然后 $x(n)$ 集体按顺时针方向旋转 m 位（$m>0$），最后由 O 点再逆时针读出的序列就是 $y(n)$。

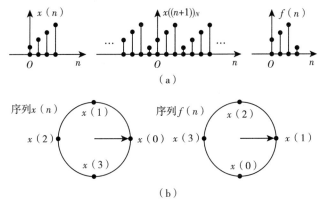

图 3-2-3　有限长序列的圆周移位
（→表示读出序列的起始点 $n=0$，$m=1$）

（a）$x(n)$ 圆周左移位（$m=1$）得到 $f(n)$　（b）圆周移位（→表示读出序列的起始点 $n=0$，$m=1$）

序列圆周左移 m 位后的序列 $y(n)$ 的 DFT 为

$$Y(k)=\text{DFT}[y(n)]=W_N^{-km}X(k)$$

（3）圆周反折与共轭性质。

长度为 N 的有限长序列 $x(n)$ 的圆周反折序列用符号 $x(N-n)$ 表示，其定义如下。

$$x(N-n)=x((N-n))_N R_N(n)=\begin{cases}x(0),n=0\\x(N-n),1\leqslant n\leqslant N-1\\0,其他\end{cases}$$

上式定义的 $x(n)$ 的圆周反折序列 $x(N-n)$ 仍然是长度为 N 的有限长序列，而且与 $x(n)$ 样本相同，但序列值出现的次序不一样，除了 $n=0$ 时，序列值与 $x(0)$ 相同外，其他序列值为 $x(n)$ 的头尾颠倒。仿照此定义，则 $X(k)$ 的圆周反折序列用 $X(N-k)$ 表示。

设 $x^*(n)$ 为 $x(n)$ 的共轭序列，圆周反折与共轭性质可表示为
$$\text{DFT}[x^*(n)]=X^*(N-k)$$

（4）对称性质。

定义有限长序列 $x(n)$ 的圆周共轭对称与反对称序列分别为 $x_{ep}(n)$、$x_{op}(n)$，有

$$x_{ep}(n)=x_{ep}^*(N-n)=\frac{1}{2}[x(n)+x^*(N-n)],0\leqslant n\leqslant N-1$$

$$x_{op}(n)=-x_{op}^*(N-n)=\frac{1}{2}[x(n)-x^*(N-n)],0\leqslant n\leqslant N-1$$

它们是 $x(n)$ 的共轭对称和共轭反对称序列周期延拓再取主值序列的结果。即

$$x_{ep}(n)=\sum_{r=-\infty}^{\infty}x_e(n+rN)R_N(n)$$

$$x_{op}(n)=\sum_{r=-\infty}^{\infty}x_o(n+rN)R_N(n)$$

首先将序列 $x(n)$ 进行虚实分解，即
$$x(n)=x_r(n)+jx_i(n)$$

其中
$$x_r(n)=[x(n)+x^*(n)]/2,x_i(n)=[x(n)-x^*(n)]/2j$$

对 $x_r(n)$ 进行 DFT，可得

$$\text{DFT}[x_r(n)]=\frac{1}{2}\text{DFT}[x(n)+x^*(n)]=\frac{1}{2}[X(k)+X^*(N-k)]=X_{ep}(k)$$
$$(3-2-1)$$

对 $jx_i(n)$ 进行 DFT，可得

$$\text{DFT}[jx_i(n)]=\frac{1}{2}\text{DFT}[x(n)-x^*(n)]=\frac{1}{2}[X(k)-X^*(N-k)]=X_{op}(k)$$
$$(3-2-2)$$

式（3-2-1）及式（3-2-2）表明：有限长序列分解成实部与虚部，实部对应的离散傅里叶变换具有圆周共轭对称性，虚部和 j 一起对应的离散傅里叶变换具有圆周共轭反对称性。

再将有限长序列 $x(n)$ 进行圆周共轭对称与圆周共轭反对称分解，即
$$x(n) = x_{ep}(n) + x_{op}(n), 0 \leqslant n \leqslant N-1$$

对 $x_{ep}(n)$、$x_{op}(n)$ 分别进行 DFT，可得
$$\mathrm{DFT}[x_{ep}(n)] = \frac{1}{2}\mathrm{DFT}[x(n)+x^*(N-n)] = \frac{1}{2}[X(k)+X^*(k)] = X_R(k)$$
$$(3-2-3)$$

$$\mathrm{DFT}[x_{op}(n)] = \frac{1}{2}\mathrm{DFT}[x(n)-x^*(N-n)] = \frac{1}{2}[X(k)-X^*(k)] = jX_I(k)$$
$$(3-2-4)$$

式（3-2-3）及式（3-2-4）表明：有限长序列圆周共轭对称部分的离散傅里叶变换是其离散傅里叶变换的实部，圆周共轭反对称部分的离散傅里叶变换是其离散傅里叶变换的虚部。

（5）卷积性质。

若 $Y(k) = X_1(k) \bigotimes X_2(k)$，则
$$Y(n) = \mathrm{IDFT}[Y(k)] = \sum_{m=0}^{N-1} x_1(m)x_2((n-m))_N R_N(n)$$
$$(3-2-5)$$

因卷积过程中 $x_1(m)$ 限定在 $m=0$ 到 $N-1$ 区间，但是 $y(n-m)$ 是要圆周移位的，所以称为圆周卷积。为了强调两个有限长序列的圆周卷积，使用符号"$\bigotimes$"表示，以区别于线性卷积。于是，式（3-2-5）可写成
$$y(n) = x_1(n) \bigotimes x_2(n) = \sum_{m=0}^{N-1} x_1(m)x_2((n-m))_N R_N(n)$$

或者
$$y(n) = x_2(n) \bigotimes x_1(n) = \sum_{m=0}^{N-1} x_2(m)x_1((n-m))_N R_N(n)$$

圆周卷积的计算过程可用图 3-2-4 表示，也可用图 3-2-5 表示（$N=8$）。

在图 3-2-5 中，箭头所指是开始点。图 3-2-5（a）表示要求出 $y(0)$，$x_1(n)$ 是由开始点逆时针排列，$x_2(n)$ 是顺时针排列，对应 8 个点的乘加运算要全部进行。图 3-2-5（b）是求 $y(1)$，$x_1(n)$ 先要圆周右移 1 位，即逆时针集体移一位，再进行对应 8 个点的乘加运算。按照这样的方法，依次转动求出序列 $y(n)$ 的全部 N 个值，在此过程中，$x_1(n)$ 一直保持不变。

（6）帕斯瓦尔定律。

利用上述性质，可以证明

$$\sum_{n=0}^{N-1} x_1(n)x_2^*(n) = \frac{1}{N}\sum_{k=0}^{N-1} X_1(k)X_2^*(k)$$

当 x_1（n）$=x_2$（n）时，则有

$$\sum_{n=0}^{N-1} |x_1(n)|^2 = \frac{1}{N}\sum_{k=0}^{N-1} |X_1(k)|^2 \qquad (3-2-6)$$

式（3-2-6）的物理意义是，有限长序列的能量等于有限长频谱的能量。

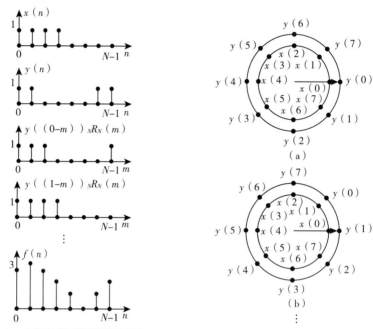

图 3-2-4　有限长序列圆周卷积图解 1 　图 3-2-5　有限长序列圆周卷积图解 2

(a) $n=0$ 　(b) $n=1$

3.2.3　有限长序列的线性卷积和圆周卷积

设 x_1（n）是长度为 M 的有限长序列，x_2（n）是长度为 N 的有限长序列，则二者的线性卷积 y（n）$=x_1$（n）x_2（n）是一个长度为 $L_1=N+M-1$ 的有限长序列。现将 x_1（n）及 x_2（n）均补零成为长度为 L 点的有限长序列，且 $L\geqslant\max\{M, N\}$。然后进行 L 点的圆周卷积

$$y_c(n) = x_1(n)\bigotimes x_2(n) = \sum_{m=0}^{L-1} x_1(m)x_2((n-m))_L R_L(n)$$

现在讨论 y_c（n）与 y（n）之间的关系，推导如下：

$$y_c(n) = \sum_{m=0}^{L-1} x_1(m)x_2((n-m))_L R_L(n)$$

$$= \sum_{m=0}^{M-1} x_1(m) x_2((n-m))_L R_L(n)$$

$$= \sum_{m=0}^{M-1} x_1(m) \sum_{r=-\infty}^{\infty} x_2(n-m+rL) R_L(n)$$

$$= \sum_{m=0}^{M-1} \sum_{r=-\infty}^{\infty} x_1(m) x_2(n-m+rL) R_L(n)$$

$$= \sum_{r=-\infty}^{\infty} [x_1(n) * x_2(n+rL)] R_L(n)$$

$$= \sum_{r=-\infty}^{\infty} y(n+rL) R_L(n) \qquad (3-2-7)$$

由此可见，$y_c(n)$ 是 $y(n)$ 以 L 为周期进行周期延拓后在 0 到 $L-1$ 的范围内所取的主值序列。根据周期延拓的相关结论，如果 $L \geqslant L_1$，则有 $y_c(n) = y(n)$。

式（3-2-7）表明，使圆周卷积等于线性卷积而不产生混叠失真的充要条件是，圆周卷积的点数大于或等于线性卷积的长度，即

$$L \geqslant N+M-1$$

3.3 频率域采样

3.3.1 频域采样与频域采样定理

设任意序列 $x(n)$ 的 z 变换为

$$X(z) = \sum_{n=-\infty}^{\infty} x(n) z^{-n} \qquad (3-3-1)$$

而且 $X(z)$ 的收敛域包含单位圆。以 $\frac{2\pi}{N}$ 为采样间隔，在单位圆上对 $X(z)$ 进行等间隔采样得到：

$$\widetilde{X}_N(k) = X(z)\big|_{z=e^{j\frac{2\pi}{N}k}} = \sum_{n=-\infty}^{\infty} x(n) e^{-j\frac{2\pi}{N}kn}, 0 \leqslant k \leqslant N-1$$

实质上，$\widetilde{X}_N(k)$ 是对 $x(n)$ 的频谱函数 $X(e^{j\omega})$ 的等间隔采样。因为 $X(e^{j\omega})$ 以 2π 为周期，所以 $\widetilde{X}_N(k)$ 是以 N 为周期的频域序列。根据离散傅里叶级数理论，$\widetilde{X}_N(k)$ 必然是一个周期序列 $\widetilde{x}_N(n)$ 的 DFS 系数。下面推导 $\widetilde{x}_N(n)$ 与原序列 $x(n)$ 的关系。可知：

$$\widetilde{x}(n) = x((n))_N = \text{IDFS}[\widetilde{X}_N(k)] = \frac{1}{N} \sum_{k=0}^{N-1} \widetilde{X}_N(k) e^{j\frac{2\pi}{N}kn}$$

将式（3-3-1）代入上式得到：

$$\widetilde{x}_N(n) = \frac{1}{N} \sum_{k=0}^{N-1} \Big[\sum_{m=-\infty}^{\infty} x(m) W_N^{km} \Big] W_N^{-kn}$$

$$= \sum_{m=-\infty}^{\infty} x(m) \frac{1}{N} \sum_{k=0}^{N-1} W_N^{k(m-n)} = \sum_{m=-\infty}^{\infty} x(m) \frac{1}{N} \sum_{k=0}^{N-1} e^{j\frac{2\pi}{N}k(n-m)}$$

因为

$$\frac{1}{N} \sum_{k=0}^{N-1} e^{j\frac{2\pi}{N}k(n-m)} = \begin{cases} 1, m = n+rN, r \text{ 为整数} \\ 0, \text{其他} \end{cases}$$

所以

$$\tilde{x}_N(n) = \text{IDFT}[\tilde{X}_N(k)] = \sum_{r=-\infty}^{\infty} x(n+rN) \quad (3-3-2)$$

式（3-3-2）说明频域采样 $\tilde{X}_N(k)$ 所对应的时域周期序列 $\tilde{x}_N(n)$ 是原序列 $x(n)$ 的周期延拓序列，延拓周期为 N。根据 DFT 与 DFS 之间的关系知道，分别截取 $\tilde{x}_N(n)$ 和 $\tilde{X}_N(k)$ 得出下面主值序列。

$$x_N(n) = \tilde{x}_N(n)R_N(n) = \sum_{r=-\infty}^{\infty} x(n+rN)R_N(n) \quad (3-3-3)$$

$$X_N(k) = \tilde{X}_N(k)R_N(k) = X(z)|_{z=e^{j\frac{2\pi}{N}k}}$$

$$= \sum_{n=-\infty}^{\infty} x(n)e^{-j\frac{2\pi}{N}kn}, 0 \leqslant k \leqslant N-1 \quad (3-3-4)$$

则 $x_N(n)$ 和 $X_N(k)$ 构成一对 DFT。

$$X_N(k) = \text{DFT}[x_N(n)]_N \quad (3-3-5)$$

$$x_N(n) = \text{IDFT}[X_N(k)]_N \quad (3-3-6)$$

式（3-3-4）表明 $X_N(k)$ 是对 $X(z)$ 在单位圆上的 N 点等间隔采样，即对 $X(e^{j\omega})$ 在频率区间 $[0, 2\pi]$ 上的 N 点等间隔采样。式（3-3-3）至式（3-3-6）说明，$X_N(k)$ 对应的时域有限长序列 $x_N(n)$ 就是原序列 $x(n)$ 以 N 为周期的周期延拓序列的主值序列。

综上所述，可以总结出频域采样定理：

如果原序列 $x(n)$ 长度为 M，对 $X(e^{j\omega})$ 在频率区间 $[0，2\pi]$ 上等间隔采样 N 点，得到 $X_N(k)$，则仅当采样点数 $N \geqslant M$ 时，才能由频域采样 $X_N(k)$ 恢复 $x_N(n) = \text{IDFT}[X_N(k)]_N$，否则将产生时域混叠失真，不能由 $X_N(k)$ 恢复原序列 $x(n)$。

该定理告诉我们，只有当时域序列 $x(n)$ 为有限长时，以适当的采样间隔对其频谱函数 $X(e^{j\omega})$ 采样，才不会丢失信息。

例如，长度为 40 的三角形序列 $x(n)$ 及其频谱函数 $X(e^{j\omega})$ 如图 3-3-1（b）和图 3-3-1（a）所示。对 $X(e^{j\omega})$ 在频率区间 $[0，2\pi]$ 上等间隔采样 32 点和 64 点，得到 $X_{32}(k)$ 和 $X_{64}(k)$，如图 3-3-1（c）和 3-3-1（e）所示。计算得到 $x_{32}(n) = \text{IDFT}[X_{32}(k)]_{32}$ 和 $x_{64}(n) = \text{IDFT}[X_{64}(k)]_{64}$，如图 3-3-1（d）和 3-3-1（f）所示。由于实序列的 DFT 满足共轭对称性，

所以图中的频域图仅画出 $[0, \pi]$ 上的幅频特性波形。

本例中 $x(n)$ 的长度 $M=40$。从图中可以看出，当采样点数 $N=32<M$ 时，$x_{32}(n)$ 确实等于原三角序列 $x(n)$ 以 32 为周期的周期延拓序列的主值序列。由于存在时域混叠失真，所以 $x_{32}(n) \neq x(n)$；当采样点数 $N=64>M$ 时，无时域混叠失真，$x_{64}(n) = \mathrm{IDFT}[X_{64}(k)] = x(n)$。

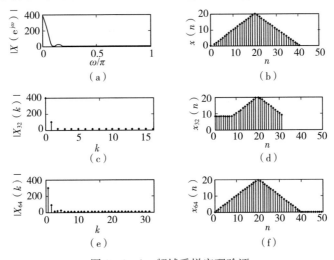

图 3 - 3 - 1　频域采样定理验证

(a) FT $[x(n)]$　　(b) 三角波序列 $x(n)$　　(c) 32 点频域采样

(d) 32 点 IDFT $[X_{32}(k)]$　　(e) 64 点频域采样　　(f) 64 点 IDFT $[X_{64}(k)]$

3.3.2　频域内插公式

所谓频域内插公式，就是用频域采样 $X(k)$ 表示 $X(z)$ 和 $X(e^{j\omega})$ 的公式。频域内插公式是 FIR 数字滤波器的频率采样结构和频率采样设计法的理论依据。

设序列 $x(n)$ 的长度为 M，在 Z 平面单位圆上对 $X(z)$ 的采样点数为 N，且满足频域采样定理（$N \geq M$）。则有：

$$X(z) = \sum_{n=0}^{N-1} x(n) z^{-n} \qquad (3-3-7)$$

$$X(k) = X(z)\big|_{z=e^{j\frac{2\pi}{N}k}} , 0 \leqslant k \leqslant N-1$$

$$x(n) = \mathrm{IDFS}[X(k)]_N = \frac{1}{N} \sum_{k=0}^{N-1} X(k) W_N^{-kn} , 0 \leqslant n \leqslant N-1$$

$$(3-3-8)$$

将式（3-3-8）代入式（3-3-7）得到

$$X(z) = \sum_{n=0}^{N-1} \left[\frac{1}{N} \sum_{k=0}^{N-1} X(k) W_N^{kn} \right] z^{-n}$$

$$= \frac{1}{N} \sum_{k=0}^{N-1} X(k) \sum_{n=0}^{N-1} W_N^{-kn} z^{-n}$$

$$= \frac{1}{N} \sum_{k=0}^{N-1} X(k) \frac{1-W_N^{-kN} z^{-N}}{1-W_N^{-k} z^{-1}} \qquad (3-3-9)$$

式中，$W_N^{-kN}=1$。所以

$$X(z) = \frac{1-z^{-N}}{N} \sum_{k=0}^{N-1} \frac{X(k)}{1-W_N^{-k} z^{-1}} \qquad (3-3-10)$$

令

$$\phi_k(z) = \frac{1}{N} \frac{1-z^{-N}}{1-W_N^{-k} z^{-1}} \qquad (3-3-11)$$

则

$$X(z) = \sum_{k=0}^{N-1} X(k) \phi_k(z) \qquad (3-3-12)$$

式（3-3-10）和式（3-3-12）称为用 $X(k)$ 表示 $X(z)$ 的 z 域内插公式。$\phi_k(z)$ 称为 z 域内插函数。式（3-3-10）将用于构造 FIR、DF 的频率采样结构。将 $z=\mathrm{e}^{\mathrm{j}\omega}$ 代入式（3-3-9）并化简，得到用 $X(k)$ 表示 $X(\mathrm{e}^{\mathrm{j}\omega})$ 的内插公式和内插函数 $\phi(\omega)$：

$$X(\mathrm{e}^{\mathrm{j}\omega}) = \sum_{k=0}^{N-1} X(k) \phi\left(\omega - \frac{2\pi}{N}\right) \qquad (3-3-13)$$

$$\phi(\omega) = \frac{1}{N} \frac{\sin(\frac{\omega N}{2})}{\sin(\frac{\omega}{2})} e^{-\mathrm{j}\omega(\frac{N-1}{2})} \qquad (3-3-14)$$

式（3-3-13）和式（3-3-14）将用于 FIR 数字滤波器的频率采样设计法的误差分析。图 3-3-2 所示为内插函数 $\phi_0(\omega)$ 和 $\phi_1(\omega)$ 的幅频特性和相频特性。

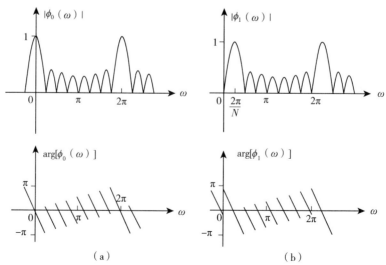

（a）   （b）

图 3-3-2 内插函数 $\phi_0(\omega)$ 和 $\phi_1(\omega)$ 的幅频特性和相频特性

3.4　离散傅里叶变换的应用

3.4.1　DFT 应用于信号频谱分析

3.4.1.1　DFT 应用于信号频谱分析的具体方法

（1）处理步骤。

DFT 的处理对象是有限长序列，而工程实际中，大多数信号都是连续时间信号 $x_a(t)$，无法直接进行 DFT 得到其离散频谱。要利用 DFT 完成对连续时间信号的频谱分析，需要对信号进行一些处理工作，以满足 DFT 对变换对象的要求。具体步骤可以用图 3-4-1 表示和说明。

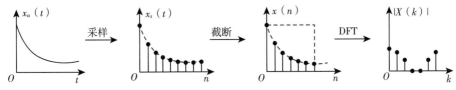

图 3-4-1　DFT 应用于信号频谱分析的处理步骤

为使连续时间信号 $x_a(t)$ 转换为离散时间信号序列，需要以一定的采样频率 f_s 对信号进行采样，以使 $x_a(t)$ 离散为序列，这里用 $x_s(t)$ 表示。为防止时域采样产生频谱混叠失真，可在采样之前用抗混叠干扰滤波器滤除信号中幅度较小的高频成分或带外分量。

对于持续时间很长的信号，会因为采样点数太多以至于无法存储和计算，同时 DFT 也要求序列是有限长的，因此，需要对采样以后的信号进行一定点数的截断，形成有限长序列，这里用 $x(n)$ 表示。

经过上述两步处理，连续时间信号 $x_a(t)$ 转换为有限长序列 $x(n)$，满足 DFT 对变换对象的要求，就可以对 $x(n)$ 进行一定点数的 DFT，得到信号的离散谱，这里用 $X(k)$ 表示。DFT 的点数决定了离散谱的点数。

（2）离散谱到连续谱的转换。

由 DFT 计算出的离散谱 $X(k)$，在实际应用中为了使其直观地反映信号的频率组成，在绘制频谱图时经常需要再绘制成连续谱。离散谱到连续谱的转换，最简单、也最常用的方法就是描绘出 $X(k)$ 的包络线。但需要注意的是，连续谱的变量（频谱图的横轴）是实际频率 f；而 $X(k)$ 的变量为 k，其只能取 $[0, N-1]$ 的整数值（N 为 DFT 的点数），也被称为离散频率。因此，需要将离散频率 k 转换为实际频率 f，也就是要计算出离散谱 $X(k)$ 中每条谱线所代表的实际频率成分。为推导出 k 与 f 之间的关系，将上述处理过程中每一步处理后信号频谱的变化用图 3-4-2 表示。为便于分析与表示，假定 $x_a(t)$

为带限信号。

图 3 - 4 - 2（a）为连续时间信号 $x_a(t)$ 及其频谱 $|X_a(j\Omega)|$，由于信号是带限信号，用 Ω_m 表示其最高角频率。图 3 - 4 - 2（b）为采样之后的离散时间信号 $x_s(t)$ 及其频谱 $X(e^{j\omega})$，可知，$X(e^{j\omega})$ 应是 $|X_a(j\Omega)|$ 以 $\Omega_s = \dfrac{2\pi}{T}$（对应数字角频率的 2π）为周期的周期延拓，这里不讨论幅度的变化。在采样的前提下，Ω 与 ω 之间的关系为 $\Omega = \dfrac{\omega}{T}$。图 3 - 4 - 2（c）为截断后有限长序列 $x(n)$ 及其离散频谱 $|X(k)|$，$|X(k)|$ 是 $|X(e^{j\omega})|$ 在 $[0, 2\pi]$ 区间内，以 $\dfrac{2\pi}{N}$ 为间隔的等间隔采样，因此离散频率 k 与数字角频率 ω 之间的关系为 $\omega = \dfrac{2\pi}{N}k$。

注意到模拟角频率 Ω 与频率 f 之间的关系为 $\Omega = 2\pi f$，结合上述分析，可得到以下公式

$$\Omega = \frac{\omega}{T}, \omega = \frac{2\pi}{N}k, \Omega = 2\pi f \qquad (3 - 4 - 1)$$

利用式（3 - 4 - 1），经过简单推导，即可得到离散频率 k 转换为实际频率 f 的转换公式为

$$f = \frac{f_s}{N}k \qquad (3 - 4 - 2)$$

再对比图 3 - 4 - 2（a）和图 3 - 4 - 2（b），由于对称性，当 $k = \dfrac{N}{2}$ 时，$f = \dfrac{f_s}{2}$，为频谱图的折叠频率，因此，在使用式（3 - 4 - 2）时，k 的取值范围为

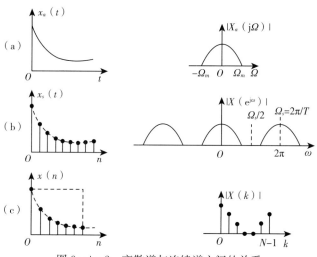

图 3 - 4 - 2　离散谱与连续谱之间的关系

$\left[0, \dfrac{N}{2}\right]$，$\dfrac{N}{2}$ 以后的 k 所对应的 f 与前一半是关于折叠频率对称的。这里的 N 为 DFT 的点数，f_s 为采样频率。

需要说明的是，截断过程所产生的频谱泄漏是会对信号频谱产生影响的，为便于问题的分析，这里先忽略这一影响。

（3）DFT 用于信号频谱分析的频率分辨力。

信号频谱分析中，频率分辨力是一个比较重要的概念，它是指频谱分析中分辨两个不同频率分量的最小间隔，用 Δf 表示，在频谱图中，就是两条谱线之间的最小间隔。Δf 反映了将两个相邻的谱峰分开的能力。Δf 的值越小，频谱分析的分辨能力就越强。由式（3 - 4 - 2）及图 3 - 4 - 2 可看出，Δf 的计算公式如下

$$\Delta f = \frac{f_s}{N} \qquad\qquad (3 - 4 - 3)$$

式中，N 是 DFT 的点数，因此这里的 Δf 仅仅指频谱图中两条谱线之间的间隔，称为"计算分辨力"。通过对信号补零，可以进行任意长度的 DFT，也就是说，在信号采样点数不变的情况下，可以通过 DFT 点数的增加，减小 Δf 的值，但由于信号采样点数不变，没有更多的信息引入，谱分析的分辨能力实际上并没有提高。因此要确定频谱分析实际能够达到的分辨力，依靠"计算分辨力"是不行的。对式（3 - 4 - 3）进行如下处理

$$\Delta f = \frac{f_s}{N} = \frac{1}{NT_s} = \frac{1}{t_p} \qquad\qquad (3 - 4 - 4)$$

式中，T_s 为采样间隔，N 为信号截断的点数，则 $t_p = NT_s$ 就代表了信号实际采样的时长，此时的 Δf 为"物理分辨力"。要减小 Δf 的值，则必须使信号采样时间增长，也就是引入更多的信息。因此频谱分析实际能够达到的分辨力是由物理分辨力确定的。

3.4.1.2　DFT 应用于信号频谱分析相关参数的确定

回顾上述所讨论的 DFT 应用于信号频谱分析的方法，有 3 个参数是在实际应用中需要确定的，分别为：采样频率 f_s、信号的截断点数及 DFT 的点数 N。这 3 个参数的确定原则如下。

（1）由时域采样定理，采样频率 f_s 应大于或等于信号最高频率的 2 倍，否则会引起频谱的混叠失真。但 f_s 越高，频谱分析的范围就越宽，在单位时间内采样的点数就越多，要存储的数据量增大，计算量随之也增加。f_s 的确定，不仅要满足采样定理，还要根据实际频谱分析范围的需求进行合理确定。

（2）由式（3 - 4 - 4）可看出，在采样频率一定的情况下，截断的点数决定了 t_p 的长度，也就决定了谱分析的"物理分辨力"。因此，截断点数需要根

据频谱分析实际需要的分辨力加以确定。

（3）确定了截断的点数，则序列 $x(n)$ 的长度就确定了，根据频率采样理论，DFT 的点数 N 要大于等于序列的长度，这是 DFT 的点数 N 确定的原则之一。

3.4.1.3　DFT 应用于信号频谱分析的误差问题

（1）混叠效应。采用 DFT 对信号进行频谱分析时，要求 $x(n)$ 为有限长序列，也就是说，信号的时宽是有限的。一般时宽有限的信号，其频宽是无限的。由图 3-4-2（b）可看出，如果信号不是频带受限的，则在采样后，会发生频谱的混叠失真，不能反映原信号的全部信息，产生误差，这就是混叠效应。从这一角度看，DFT 应用于信号的频谱分析，只能是近似分析。为减小混叠效应，一方面可以在采样之前采用抗混叠干扰滤波器对信号进行处理，另一方面在条件允许的情况下，尽量选择较高的采样频率 f_s。

（2）栅栏效应。用 DFT 进行频谱分析，计算出的 $X(k)$ 是离散的，是连续谱 $X(e^{j\omega})$ 上的若干个点。这就像在频谱上放了一个栅栏，$X(k)$ 的每条谱线相当于栅栏的缝隙，谱分析只能"看到"缝隙处的频谱，而被栅栏挡住的部分是看不到的，所以称为"栅栏效应"。

例 3-4-1，已知信号 $x_a(t)=2\cos(2\pi\times50t)+\cos(2\pi\times53t)$，取采样频率 $f_s=200\text{Hz}$，截断点数为 100，DFT 点数为 100，利用 DFT 计算 $x_a(t)$ 的频谱并绘制其频谱图。

可得到 $x_a(t)$ 的频谱图如图 3-4-3 所示。

由题中给出的参数可知，该谱分析所能达到的频率分辨力为 $\Delta f=\dfrac{f_s}{N}=2\text{Hz}$，是应该能够将信号 $x_a(t)$ 中的两个频率分量分辨开的，频谱图中应有两个谱峰。但从图 3-4-3 中只看到了信号中 50Hz 分量这一个谱峰。分析原因，是由于 DFT 的计算分辨力为 $\Delta f=\dfrac{f_s}{\text{NDFT}}=2\text{Hz}$，也即 DFT 的结果中，两条谱线之间的间隔为 2Hz。故 50Hz 分量这根谱线，相当于其在栅栏的"缝隙"，能够"看到"。而 53Hz 分量是被栅栏"遮挡"的，也就是说 DFT 的结果中没有这条谱线，因而谱峰不明显。这就是 DFT 进行谱分析的栅栏效应的体现，而非频率分辨力不够高。该例中的其他参数不变，将 DFT 的点数改为 200，可得到 $x_a(t)$ 频谱图如图 3-4-4 所示。

此时，从图 3-4-4 中是可以清楚地看到 50Hz 分量和 53Hz 分量两个谱峰的。由于采样点数和采样频率没有发生变化，因而频率分辨力和图 3-4-3 是一致的，但此时的计算分辨力为 $\Delta f=\dfrac{f_s}{\text{NDFT}}=1\text{Hz}$，在 DFT 的结果中，两个频率分量均在栅栏的"缝隙"处，都能明显地被"看到"。要想改善栅栏效应，就要缩小两条谱线之间的间隔，让频谱的密度加大。根据式（3-4-3），可以有两种方法改善栅栏效应：一是减小采样频率 f_s，二是通过对信号补零，增加 DFT 的点数 N。

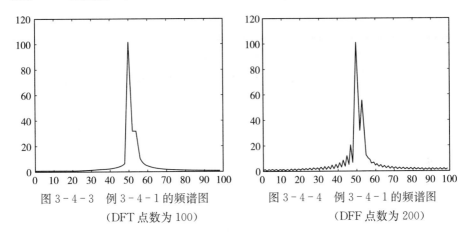

图 3-4-3　例 3-4-1 的频谱图
（DFT 点数为 100）

图 3-4-4　例 3-4-1 的频谱图
（DFF 点数为 200）

（3）频谱泄漏。DFT 应用于信号频谱分析时，需要对采样数据进行加窗截断，把观测到的信号限制在一定长的时间之内。截断，相当于时域加窗，根据傅里叶变换的频域卷积定理，加窗后信号的频谱应该是原信号频谱和窗函数频谱的卷积，这造成了加窗后，信号频谱的变化，产生了失真。

例如，例 3-4-1 中，信号 $x_a(t)$ 原本的理论频谱应如图 3-4-5 所示，具有"线谱"特性，即在 $f=100\text{Hz}$ 和 $f=104\text{Hz}$ 处的两条谱线。

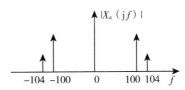

图 3-4-5　$x_a(t)=2\sin(2\pi\times100t)+\sin(2\pi\times104t)$ 的频谱

对比图 3-4-5 和加窗截取进行 DFT 后所绘制的频谱会发现，原本的"线谱"的谱线向附近展宽，相当于频谱能量向频率轴的两边扩散，这就是所谓的"频谱泄漏"。频谱泄漏使得频谱变得模糊（谱峰不够尖锐），降低了谱分析的分辨力，同时也会造成谱间干扰。关于频谱泄漏问题，在第 7 章中将会做更详细的讨论，这里只给出减少泄漏的方法：一是截取更多的数据，也就是窗宽加宽，当然数据太长，势必要增加存储量和运算量；二是数据不要突然截断，也就是不要加矩形窗，而是缓慢截断，即加各种缓变的窗（例如，harming 窗、hamming 窗等）。

3.4.2 DFT 在 OFDM 中的应用

DFT 在通信技术领域也有广泛应用，目前数字通信中广泛应用的正交频分复用（Orthogonal Frequency Division Multiplexing，OFDM）传输的调制与解调实现即是典型代表。

3.4.2.1 DFT 应用于 OFDM 实现的基本原理

先由单载波传输的数学模型进行分析，在单载波传输系统的信道中传输的信号 $x(t)$ 一般可表示为如下形式：

$$x(t) = X\cos\Omega t = X\cos 2\pi ft \qquad (3-4-5)$$

其中，Ω 为载波角频率，f 为载波频率，X 为载波携带的信息。由正（余）弦函数和复指数函数之间的关系，式（3-4-5）还可表示为

$$x(t) = X\mathrm{e}^{\mathrm{j}\Omega} = X\mathrm{e}^{\mathrm{j}2\pi ft} \qquad (3-4-6)$$

在数字通信中，$x(t)$ 通常都是由数字化的方式产生的，相当于对式（3-4-6）中的 $x(t)$ 进行离散化处理，即令 $t=nT$，则其离散化表示形式为

$$x(n) = X\mathrm{e}^{\mathrm{j}\Omega n} \qquad (3-4-7)$$

借助上述概念，多载波传输系统由于有多个载波（每个载波也被称为子载波）同时传输多路信息，则其信道中传输的信号 $x(t)$ 可表示为如下形式：

$$x(t) = \sum_{k=0}^{N-1} X(k)\mathrm{e}^{\mathrm{j}\Omega_k t} = \sum_{k=0}^{N-1} X(k)\mathrm{e}^{\mathrm{j}2\pi f_k t} \qquad (3-4-8)$$

其中，N 为子载波的个数，k 表示第 k 个子载波（$0 \leqslant k \leqslant N-1$），$X(k)$ 为第 k 个子载波携带的信息，Ω_k 为第 k 个子载波的角频率，f_k 为第 k 个子载波的频率。

同样，对式（3-4-8）中的 $x(t)$ 进行离散化处理，得到：

$$x(n) = \sum_{k=0}^{N-1} X(k)\mathrm{e}^{\mathrm{j}2\pi f_k nT} \qquad (3-4-9)$$

注意到，式（3-4-9）中的 T 为离散化间隔，也即采样周期，则 $\dfrac{1}{T}$ 即为采样频率 f_s。为了使多载波调制能够由 DFT 实现，对子载波的频率进行一定的限定，要求第 k 个子载波的频率 f_k 满足：

$$f_k = \frac{f_s}{N} \times k \qquad (3-4-10)$$

将式（3-4-10）代入式（3-4-9），则有：

$$x(n) = \sum_{k=0}^{N-1} X(k)\mathrm{e}^{\mathrm{j}\frac{2\pi}{N}kn} = \sum_{k=0}^{N-1} X(k)W_N^{-kn} \qquad (3-4-11)$$

式（3-4-11）即为大家所熟悉的 IDFT 的变换公式，因而多载波传输可借助于 DFT 的相关原理实现。由于 DFT 是正交基变换，因而各子载波是相互

正交的。同时，各子载波是依靠不同的频率进行划分的，相当于多路载波以频分的形式复用同一个信道。故而，这种多载波传输的实现被称为正交频分复用，即 OFDM。

3.4.2.2　OFDM 传输系统的基本组成

对于 OFDM 的调制过程，按上述原理的推导，就是将待传输的 1 路数据转换为 N 路子数据流（称为串/并转换），然后每路子数据流通过某种信源编码（也称为编码映射）形成各子载波传输的信息，在此基础上，将每路子载波上的待传输信息进行排列，形成待传输的信息 $X(k)$，最后对 $X(k)$ 进行 IDFT，即得到离散化的调制信号 $x(n)$，经 D/A 转换即可得到适合在信道中传输的调制信号 $x(t)$。这一过程可用方框图的形式表示，如图 3-4-6 所示。

图 3-4-6　OFDM 调制过程原理方框图

相应的，解调过程则由 DFT 实现。通过对接收到的调制信号 $x(t)$ 进行 A/D 转换，得到 $x(n)$，对 $x(n)$ 进行 DFT，计算得到各载波传输的信息 $X(k)$，从 $X(k)$ 中提取出各子载波携带的信息，通过对应的信源解码（解码映射）得到各路子数据流，通过并/串转换得到接收数据流。这一过程可用方框图的形式表示，如图 3-4-7 所示。

图 3-4-7　OFDM 解调过程原理方框图

在 OFDM 传输系统中，通常也把一个离散化间隔中的时域序列 $x(n)$ 称为一个 OFDM 符号，其对应的频域序列 $X(k)$ 称为 OFDM 符号的频域形式。OFDM 符号中的每个点含有所有子载波中的信息。

3.4.2.3　DFT 的对称性在 OFDM 载波映射中的应用

由于 DFT 为复数变换，对 $X(k)$ 进行 IDFT 所得到的 OFDM 符号 $x(n)$ 并不一定是实数序列。若 $x(n)$ 为复数序列，那么调制信号的传输与接收会比较复杂。为简化调制信号的传输，就要保证对 $X(k)$ 进行 IDFT 所得到的 OFDM 符号 $x(n)$ 为实数序列，那么就需要对载波映射形成 $X(k)$ 的过程进行一定约束，即对 OFDM 符号的频域结构进行合理设计。这一过程要利用 DFT 的对称性质。

要保证对 $X(k)$ 进行 IDFT 所得到的离散化调制信号 $x(n)$ 为实数序

列，则要求 OFDM 符号的频域形式，即 $X(k)$ 是圆周共轭对称的，也即满足

$$X(k) = X^*(N-k) \qquad (3-4-12)$$

对一个子载波个数为 N 的 OFDM 传输系统，如果要满足式（3-4-12）的约束，则可以有效使用（可以安排要传输的信息）的子载波个数小于等于 $\frac{N}{2}$。在载波映射形成 $X(k)$ 的过程中，将串/并转换后经编码映射的各路信息在 $X(k)$ 的前 $\frac{N}{2}$ 个点上进行映射，$X(k)$ 的后 $\frac{N}{2}$ 个点的值通过对前 $\frac{N}{2}$ 个点的值按式（3-4-12）进行圆周共轭对称得到。按照这种方式进行 OFDM 符号的频域结构设计，就可保证对 $X(k)$ 进行 IDFT 后所形成的 OFDM 符号为实数形式。按这一过程所进行载波映射的示意图如图 3-4-8 所示。

同时，这也表明，对于需要 m 个有效子载波的 OFDM 传输系统，所使用到的 DFT 的点数 N 必须满足 $N \geqslant 2m$。

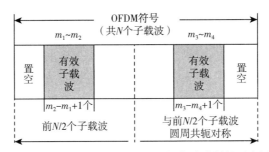

图 3-4-8　按 DFT 的对称性进行载波映射的示意图

3.5　快速傅里叶变换及应用

快速傅里叶变换（Fast Fourier Transform，FFT）不是一种新的变换域分析方法，而是快速计算离散傅里叶变换（DFT）的有效算法。DFT 实现了频域离散化，在数字信号处理中起着极其重要的作用。

3.5.1　基-2FFT 算法原理

3.5.1.1　DFT 运算量分析

一个长度为 N 的有限长序列 $x(n)$ 的 N 点离散傅里叶变换为

$$X(k) = \mathrm{DFT}[x(n)]_N = \sum_{n=0}^{N-1} x(n) W_N^{kn}, 0 \leqslant k \leqslant N-1$$

$$(3-5-1)$$

一般情况下，$x(n)$ 和 W_N^{nk} 都是复数，按定义式（3-5-1）直接计算 DFT，每计算一点 $X(k)$ 的值需 N 次复数乘法运算，$(N-1)$ 次复数加法运算。计算全部 N 点 $X(k)$ 的值需要 N^2 次复数乘法运算和 $N(N-1)$ 次复数加法运算。由于 1 次复数乘法运算包括 4 次实数乘法运算和 2 次实数加法运算，1 次复数加法运算需 2 次实数加法运算，所以计算全部 $X(k)$ 的值需 $4N^2$ 次实数乘法运算和 $4N^2-2N$ 次实数加法运算。一般说来，乘法运算要比加法运算复杂，在计算机上乘法运算比加法运算一般要多花几十倍的时间。为简单起见，以复数乘法运算次数近似作为运算量的衡量标准。

由于 DFT 的运算量与 N^2 成正比，如能将长序列的 DFT 计算分解成短序列的 DFT 计算，可使运算量得到明显减小。快速傅里叶变换正是基于这种思想发展起来的。快速傅里叶变换利用 $x(n)$ 的特性，逐步将 N 点的长序列分解为较短的序列，计算短序列的 DFT，然后组合成原序列的 DFT，使运算量显著减小。FFT 算法有很多种形式，但基本上可分为两类，即：时间抽取（Decimafion-In-Time，DIT）算法和频率抽取（Decimation-In-Frexluencv，DIF）算法。

3.5.1.2　基-2 时间抽取 FFT 算法

设序列 $x(n)$ 的长度 N 是 2 的整数幂次方，即

$$N = 2^M$$

其中 M 为正整数。首先将序列 $x(n)$ 按 n 的奇偶分解为两组，n 为偶数的 $x(n)$ 为一组，n 为奇数的 $x(n)$ 为一组，得到两个 $\dfrac{N}{2}$ 点的子序列，即

$$\begin{cases} x_1(r) = x(2r) \\ x_2(r) = x(2r+1) \end{cases}, r = 0, 1, \cdots, \frac{N}{2} - 1$$

相应地将 DFT 运算也分为两组，即

$$\begin{aligned} X(k) &= \Big[\sum_{n=0}^{N-1} x(n) W_N^{kn} \Big] R_N(k) \\ &= \Big[\sum_{r=0}^{\frac{N}{2}-1} x(2r) W_N^{2kr} + \sum_{r=0}^{\frac{N}{2}-1} x(2r+1) W_N^{k(2r+1)} \Big] R_N(k) \\ &= \Big[\sum_{r=0}^{\frac{N}{2}-1} x_1(r) W_N^{2kr} + W_N^k \sum_{r=0}^{\frac{N}{2}-1} x_2(r) W_N^{2kr} \Big] R_N(k) \\ &= \Big[X_1((k))_{\frac{N}{2}} + W_N^k X_2((k))_{\frac{N}{2}} \Big] R_N(k) \qquad (3-5-2) \end{aligned}$$

其中，$0 \leqslant k \leqslant N-1$，$X_1(k)$ 和 $X_2(k)$ 分别是 $x_1(r)$ 和 $x_2(r)$ 的 $\dfrac{N}{2}$ 点 DFT，亦即

$$X_1(k) = \Big[\sum_{r=0}^{\frac{N}{2}-1} x_1(r) W_{\frac{N}{2}}^{kr}\Big] R_N(k), 0 \leqslant k \leqslant \frac{N}{2}-1 \quad (3-5-3)$$

$$X_2(k) = \Big[\sum_{r=0}^{\frac{N}{2}-1} x_2(r) W_{\frac{N}{2}}^{kr}\Big] R_N(k), 0 \leqslant k \leqslant \frac{N}{2}-1 \quad (3-5-4)$$

由式（3-5-2）及 DFT 隐含的周期性可知，$X_1((k))_{\frac{N}{2}}$，$X_2((k))_{\frac{N}{2}}$ 分别是以 $X_1(k)$ 和 $X_2(k)$ 为主值序列的周期序列，因此 $X_1(k)$ 和 $X_2(k)$ 应周期重复一次，即式（3-5-1）可以写成

$$X(k) = X_1(k) + W_N^k X_2(k), 0 \leqslant k \leqslant \frac{N}{2}-1 \quad (3-5-5)$$

$$X\Big(k+\frac{N}{2}\Big) = X_1(k) - W_N^k X_2(k), 0 \leqslant k \leqslant \frac{N}{2}-1$$

$$(3-5-6)$$

式（3-5-6）中的等号右边之所以出现负号，是由于 $W_N^{k+\frac{N}{2}} = -W_N^k$。式（3-5-5）及式（3-5-6）的运算关系可用信号流图表示，如图 3-5-1（a）所示，图 3-5-1（b）是图 3-5-1（a）的简化形式。图 3-5-1（b）中左面两支路为输入，中间以一个小圆圈表示加减运算，右上支路为相加后的输出，右下支路为相减后的输出，箭头旁边的系数表示相乘的数。因流图形如蝴蝶，故称蝶形运算。

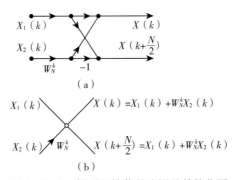

图 3-5-1　蝶形运算信号流图及其简化图

每个蝶形运算需一次复数乘法、两次复数加法运算。采用上述的表示方法，8 点 DFT 分解为两个 4 点 DFT 运算过程的流图如图 3-5-2 所示。

通过第一步分解后，计算一下乘法运算量。每一个 $\frac{N}{2}$ 点 DFT 需 $\frac{N^2}{4}$ 次复数乘法，两个 $\frac{N}{2}$ 点 DFT 共需 $\frac{N^2}{2}$ 次复数乘法，组合运算共需 $\frac{N}{2}$ 个蝶形运算，需 $\frac{N}{2}$ 次复乘法运算，因而共需 $\frac{N(N+1)}{2}$ 次复数乘法运算，在 N 较大时，可以认

为近似等于 $\dfrac{N^2}{2}$，与直接计算相比几乎节省一半的运算量。

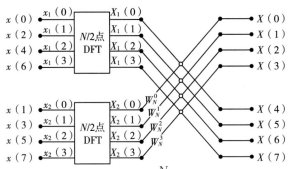

图 3-5-2　N 点 DFT 分解为两个 $\dfrac{N}{2}$ 点 DFT 的信号流图（$N=8$）

若 $\dfrac{N}{2}=2^{M-1}>2$，可仿照上述过程继续将 $\dfrac{N}{2}$ 点序列分解为两个 $\dfrac{N}{4}$ 点的序列。如 x_1（r）可分解为

$$\begin{cases} x_{11}(l) = x_1(2l) \\ x_{12}(l) = x_1(2l+1) \end{cases} \quad 0 \leqslant l \leqslant \dfrac{N}{4}-1 \qquad (3-5-7)$$

则有：

$$\begin{cases} X_1(k) = X_{11}(k) + W_{\frac{N}{2}}^{k} X_{12}(k) \\ X_1\left(k+\dfrac{N}{4}\right) = X_{11}(k) - W_{\frac{N}{2}}^{k} X_{12}(k) \end{cases} \quad 0 \leqslant k \leqslant \dfrac{N}{4}-1$$

$$(3-5-8)$$

式中，X_{11}（k）$=\text{DFT}[x_{11}$（l）$]$，X_{12}（k）$=\text{DFT}[x_{12}$（l）$]$，它们均为 $\dfrac{N}{4}$ 点的 DFT。由于序列长度又减为一半，因此在式（3-5-5）及式（3-5-6）中所有用到 N 的地方，都用 $\dfrac{N}{2}$ 来替换，就得到式（3-5-8）。对应于 8 点 DFT 的前一个 $\dfrac{N}{2}$ 点 DFT 再分解为两个 $\dfrac{N}{4}$ 点 DFT 的信号流图如图 3-5-3 所示。

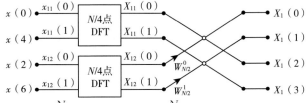

图 3-5-3　$\dfrac{N}{2}$ 点 DFT 分解为两个 $\dfrac{N}{4}$ 点 DFT 的信号流图（$N=8$）

当然 x_2（r）也如式（3-5-7）分解，x_2（k）也如图 3-5-4 计算。按这种方法还可继续分解，直到最后为 2 点 DFT 为止。2 点 DFT 同样可用蝶形运算表示。例如，8 点 DFT 的第一个 2 点 DFT 由 x（0）和 x（4）组成，可以表示为

$$\begin{cases} X_{11}(0) = x(0) + W_2^0 x(4) \\ X_{11}(1) = x(0) + W_2^1 x(4) = x(0) - W_2^0 x(4) \end{cases}$$

图 3-5-4 所示为一个 8 点的 DFT 分解为 4 个 $\frac{N}{4}$ 点的 DFT。图 3-5-5 所示为 8 点 DFT 的全部分解过程的运算流图，即 $N=8$ 的时间抽取 FFT 流图。图 3-5-6 所示为 $N=16$ 的时间抽取 FFT 信号流图。由于每次分解均是将序列从时域上按奇偶抽取的，所以称为时间抽取；且每次一分为二，所以称为基数为 2（基-2）的算法。基-2 时间抽取 FFT 算法也被称为库利-图基算法。

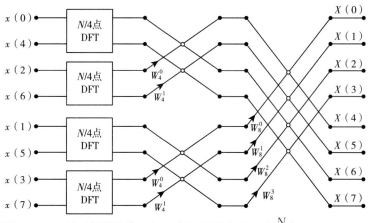

图 3-5-4　按时间抽取将一个 N 点 DFT 分解为 4 个 $\frac{N}{4}$ 点 DFT（$N=8$）

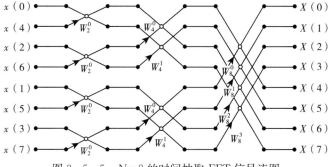

图 3-5-5　$N=8$ 的时间抽取 FFT 信号流图

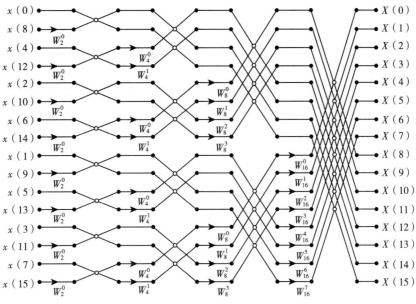

图 3-5-6　$N=16$ 的时间抽取 FFT 信号流图

3.5.2　基-2 频率抽取 FFT 算法

对于 $N=2^M$，另一种普遍采用的 FFT 算法是频率抽取算法（桑德-图基算法）。频率抽取算法不按 n 为偶数、奇数分解，而是把 $x(n)$ 按前后对半分解，这样可将 N 点的 DFT 写成前后两部分：

$$X(k) = \sum_{n=0}^{N-1} x(n)W_N^{kn} = \sum_{n=0}^{\frac{N}{2}-1} x(n)W_N^{kn} + \sum_{n=\frac{N}{2}}^{N-1} x(n)W_N^{kn}$$

$$= \sum_{n=0}^{\frac{N}{2}-1} x(n)W_N^{kn} + \sum_{n=0}^{\frac{N}{2}-1} x(n+\frac{N}{2})W_N^{k(n+\frac{N}{2})}$$

$$= \sum_{n=0}^{\frac{N}{2}-1} \Big[x(n) + W_N^{\frac{kN}{2}} x(n+\frac{N}{2}) \Big] W_N^{kn}$$

$$= \sum_{n=0}^{\frac{N}{2}-1} \Big[x(n) + (-1)^k x(n+\frac{N}{2}) \Big] W_N^{kn}$$

当 k 为偶数时，令 $k=2r$，有

$$X(k) = X(2r) = \sum_{n=0}^{\frac{N}{2}-1} \Big[x(n) + x(n+\frac{N}{2}) \Big] W_N^{2rn} = \sum_{n=0}^{\frac{N}{2}-1} x_1(n)W_{\frac{N}{2}}^{rn} = X_1(r)$$

$$(3-5-9)$$

71

当 k 为奇数时，令 $k=2r+1$，有

$$X(k) = X(2r+1) = \sum_{n=0}^{\frac{N}{2}-1} \left[x(n) - x(n+\frac{N}{2}) \right] W_N^{n(2r+1)n}$$

$$= \sum_{n=0}^{\frac{N}{2}-1} \left\{ \left[x(n) - x(n+\frac{N}{2}) \right] W_N^n \right\} W_{\frac{N}{2}}^{rn} = \sum_{n=0}^{\frac{N}{2}-1} x_2(n) W_{\frac{N}{2}}^{rn}$$

$$(3-5-10)$$

式（3-5-9）和式（3-5-10）中

$$\begin{cases} x_1(n) = x(n) + x(n+\frac{N}{2}) \\ x_2(n) = \left[x(n) - x(n+\frac{N}{2}) \right] W_N^n \end{cases} \quad 0 \leqslant n \leqslant \frac{N}{2} - 1$$

$$(3-5-11)$$

$X_1(r)$、$X_2(r)$ 分别为 $x_1(n)$ 和 $x_2(n)$ 的 $\frac{N}{2}$ 点 DFT，因此一个 N 点序列的 DFT 可以将序列按前后分解成两部分，然后按式（3-5-11）组成两个 $\frac{N}{2}$ 点的序列 $x_1(n)$ 和 $x_2(n)$，分别计算 $\frac{N}{2}$ 点序列的 DFT，即 $X_1(r)$、$X_2(r)$，它们分别对应于原序列 N 点 DFT 的 k 为偶数部分和 k 为奇数部分。显然，式（3-5-11）运算关系可用图 3-5-7 所示蝶形运算来表示，而一个 $N=8$ 的频率抽取算法第一次分解信号流图如图 3-5-8 所示。

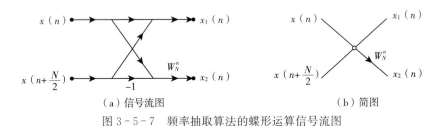

（a）信号流图　　　　　　　　　　（b）简图

图 3-5-7　频率抽取算法的蝶形运算信号流图

与时间抽取算法一样，仍可按上述分解方法继续分解，直到最后剩下全部为 2 点的 DFT。2 点的 DFT 仍然可用图 3-5-7 的蝶形表示。进一步的分解如图 3-5-9 所示。图 3-5-10 为一个 $N=8$ 的完整的频率抽取 FFT 信号流图。

这种分解方法，由于每次都按输出 $X(k)$ 在频域上的顺序是属于偶数还是奇数分解为两组，故称基数为 2（基-2）的频率抽取法。对比图 3-5-1 与图 3-5-7 的信号流图，以及图 3-5-5 与图 3-5-10 的信号流图，可以看出基-2 时间抽取 FFT 算法与基-2 频率抽取 FFT 算法的信号流图互为转置关系，有对偶性。因此频率抽取的 FFT 结构有与时间抽取的 FFT 结构类似的特

点和规律，完成全部 FFT 运算，二者的运算量是相同的，是完全等效的算法。

频率抽取 FFT 算法结构的推导还可根据 DFT 的时频对称性进行，而时频对称

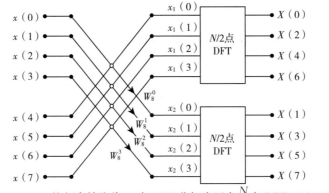

图 3-5-8　按频率抽取将 N 点 DFT 分解为两个 $\frac{N}{2}$ 点 DFT（$N=8$）

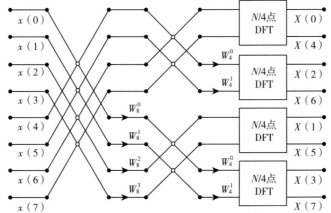

图 3-5-9　按频率抽取将 N 点 DFT 分解为 4 个 $\frac{N}{4}$ 点 DFT（$N=8$）

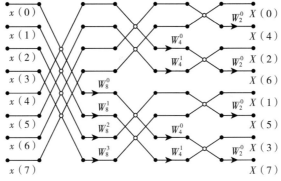

图 3-5-10　$N=8$ 的频率抽取 FFT 信号流图

性反映在信号流图上则是信号流图的转置。

3.5.3 FFT 应用于线性卷积的快速计算

3.5.3.1 基本算法

两个有限长序列分别为

$$x(n) = \begin{cases} x(n), 0 \leqslant n \leqslant N-1 \\ 0, 其他 \end{cases}; h(n) = \begin{cases} h(n), 0 \leqslant n \leqslant M-1 \\ 0, 其他 \end{cases}$$

二者的线性卷积为

$$y(n) = x(n)h(n) = \sum_{m=0}^{N-1} x(m)h((n-m)) = \sum_{m=0}^{M-1} h(m)x((n-m))$$

$y(n)$ 仍然是一个有限长序列，长度为 $N+M-1$，即

$$y(n) = \begin{cases} y(n), 0 \leqslant n \leqslant N+M-2 \\ 0, 其他 \end{cases}$$

如果直接计算 $y(n)$，则计算全部结果需 NM 次乘法运算和（$N-1$）（$M-1$）次加法运算，当 N 和 M 较大时，运算量是很大的，实时处理难以实现。

联想到线性卷积和圆周卷积之间的关系，可以通过圆周卷积来实现线性卷积，而圆周卷积可以用 FFT 算法来计算，运算量则会大大减小，问题就得到解决了。为使圆周卷积结果不产生混叠现象，而和线性卷积结果一致，圆周卷积的长度 L 应满足：$L \geqslant N+M-2$。

为了采用基- 2FFT 算法，则 L 还应取为 2 的整数幂次方。因此需将 $x(n)$、$h(n)$ 均补零增长到 L 点，即

$$x(n) = \begin{cases} x(n), 0 \leqslant n \leqslant N-1 \\ 0, N \leqslant n \leqslant L-1 \end{cases}; h(n) = \begin{cases} h(n), 0 \leqslant n \leqslant M-1 \\ 0, M \leqslant n \leqslant L-1 \end{cases}$$

则 $y(n)$ 可按下列步骤进行计算：

（1）计算 $H(k) = \text{FFT}[h(n)]$，L 点

（2）计算 $X(k) = \text{FFT}[x(n)]$，L 点

（3）计算 $Y(k) = X(k)H(k)$，L 点

（4）计算 $y(n) = \text{IFFT}[Y(k)]$，L 点

上述线性卷积的计算过程如图 3-5-11 所示。可见，这样处理的结果，大部分工作量都可以用 FFT 运算来完成，共需 $\frac{3}{2}L\lg_2 L + L$ 次乘法运算和 $3L\lg_2 L$ 三次加法运算。

当 N、M 较大且 N 和 M 比较接近时，运算工作量远小于直接计算卷积的运算工作量，故有快速卷积之称。但实际情况下，往往会有一个序列的长度远长于另一个序列。例如，信号通过 FIR 数字滤波器，信号 $x(n)$ 可能是比较

长的序列，而滤波器的单位取样响应序列 $h(n)$ 可能较短。此时若仍直接按上述方法进行运算，会因大量补零而失去有效性，也是不切合实际的，这也是快速卷积的基本算法在实际应用时的一个局限。遇到这种情况时，需对基本算法加以改进，即采用分段快速卷积实现。

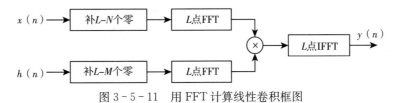

图 3-5-11　用 FFT 计算线性卷积框图

分段快速卷积的基本思路是将 $x(n)$ 分成许多小段，每段长度与 $h(n)$ 的长度相近，然后用 FFT 算法进行分段计算。分段快速卷积的处理办法一般有两种：重叠相加法和重叠保留法，以下将对这两种改进算法进行讨论。

3.5.3.2　重叠相加法

重叠相加法在对长序列 $x(n)$ 分段时是将 $x(n)$ 分成相互邻接但互不重叠的长度为 N 的小段，如图 3-5-12 (c) 所示。若序列 $x(n)$ 的第 i 段用 $x_i(n)$ 表示，则有

$$x_i(n) = \begin{cases} x(n), iN \leqslant n \leqslant (i+1)N-1 \\ 0, 其他 \end{cases}$$

上式中 i 一般从 0 开始，则序列 $x(n)$ 可表示为

$$x(n) = \sum_{i=0}^{\infty} x_i(n)$$

输出序列 $y(n)$ 则可以表示为

$$y(n) = x(n)h(n) = \Big[\sum_{i=0}^{\infty} x_i(n) \Big] h(n) = \sum_{i=0}^{\infty} y_i(n)$$

其中

$$y_i(n) = x_i(n)h(n) \qquad (3-5-12)$$

式 (3-5-12) 表明，将长序列 $x(n)$ 的每一段分别与短序列 $h(n)$ 进行线性卷积，然后将各段卷积结果相加就可得到输出序列 $y(n)$。每一段的线性卷积可按前面所讨论的快速卷积基本算法来计算。但要注意，每段卷积的结果序列长度大于 $x_i(n)$ 的长度 N 及 $h(n)$ 的长度 M，为 $L=N+M-1$。因此，每相邻两段 $y_i(n)$ 序列，必有 $M-1$ 个点的部分要发生重叠，这些重叠部分应该相加起来才能构成最后的输出序列 $y(n)$，这也是重叠相加法名称的由来。

图 3-5-12 (d) 为分段卷积的结果，图 3-5-12 (e) 为最后的输出序列。重叠相加法顾名思义是指输出的相邻小段之间的序号 n 有重叠，这与前面使用的"混叠失真"不是一回事。

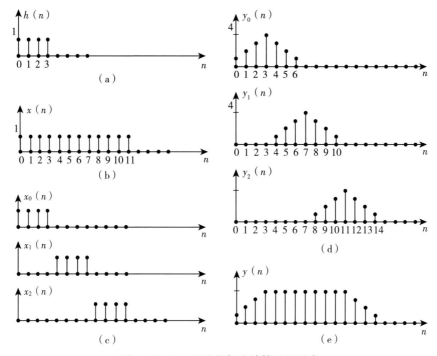

图 3 - 5 - 12　重叠相加法计算过程示意

(a) 单位取样响应 $h(n)$ （长度 $M=4$）　　(b) 信号 $x(n)$

(c) 依次取 $x(n)$ 的 $N=4$ 长的小段 $x_1(n)$　　(d) 分段卷积结果 $y_1(n)$　　(e) 输出序列 $y(n)$

3.5.3.3　重叠保留法

重叠保留法是指 $x(n)$ 分段时，相邻两段有 $M-1$ 个点的重叠（M 为短序列的长度），即每一段开始的 $M-1$ 个点的序列样本是前一段最后 $M-1$ 个点的序列样本，但是第 0 段（$i=0$ 的段）要前补 $M-1$ 个 0。每段的长度直接选为圆周卷积（即快速卷积中 FFT 的点数）的长度 L，即

$$x_i(n) = \begin{cases} x(n+iN-M+1), 0 \leqslant n \leqslant L-1 \\ 0, 其他 \end{cases}$$

式中，$N=L-M+1$ 是每段新增的序列点数。由于算法的特殊性，每段都可以用 0 作为序号的起点，分别与 $h(n)$ 做圆周卷积，即

$$y'_i(n) = x_i(n) \otimes h(n)$$

卷积结果的起始 $M-1$ 个点有混叠，不同于线性卷积 $x_i(n) h(n)$ 的结果，但后面 N 个点（$M-1 \leqslant n \leqslant L-1$）无混叠，与线性卷积结果相等。因此每段 $y'_i(n)$ 的混叠点需舍弃，即

$$y_i(n) = \begin{cases} y'_i(n), M-1 \leqslant n \leqslant L-1 \\ 0, 其他 \end{cases}$$

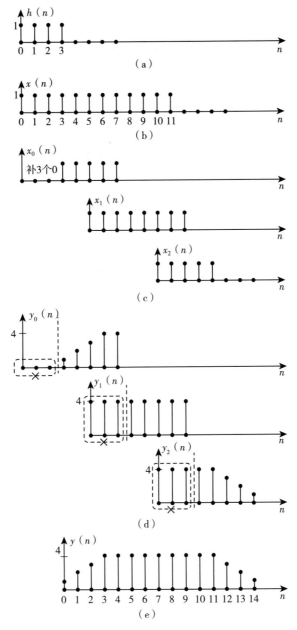

图 3-5-13　重叠保留法计算过程

　　(a) 单位取样响应 $h(n)$（长度 $M=4$）　　(b) 信号 $x(n)$　　(c) 依次取 $x(n)$ 的 $L=$ 8 长的重叠小段 $x_1(n)$　　(d) 分段圆周卷积结果 $y_1(n)$，前 3 个点舍弃　　(e) 输出序列 $y(n)$

最后，只要依次衔接 $y_i(n)$，就可得到输出序列

$$y(n) = \sum_{i=0}^{\infty} y_i(n - iN + M - 1)$$

该算法计算过程如图 3-5-13 所示。重叠保留法与重叠相加法的运算量基本相同，但可省去重叠相加法的最后一步相加运算。顾名思义，重叠保留法是指对输入序列分段时，相邻两段有重叠的部分。

第 4 章
数字滤波器的基本结构

数字滤波器是数字信号处理的重要组成成分，可狭义地理解为具有选频特性的一类系统，如低通、高通滤波器等；也可广义地理解为任意系统，其功能是将输入信号变换为人们所需要的输出信号。数字滤波器的实质是用一有限精度算法实现的离散时间线性时不变系统，以完成对信号进行滤波处理的功能。其输入是一组由模拟信号经过取样和量化的数字量，输出是经处理的另一组数字量。数字滤波器既可以是一台由数字硬件装配成的用于完成滤波计算功能的专用机，也可以是由通用计算机完成的一组运算程序。

数字滤波器分为有限长冲激响应滤波器（Finite Impulse Response Filter）和无限长冲激响应滤波器（Infinite Impulse Response Filter）两大类，分别简称为 FIR 滤波器和 IIR 滤波器。

对于一个输入输出关系已经给定的系统，由于存在量化误差的影响，采用不同的滤波器结构会有不同的滤波性能。因此，数字滤波器的运算结构对于滤波器的设计及性能指标的实现是非常重要的。

4.1 数字滤波器结构的表示方法

数字滤波器可以由离散系统差分方程、冲激响应、频率响应或者系统函数来表示，我们一般采用图形的表示来研究滤波器的运算结构和实现方法，图形的表示包括方框图和信号流图。

一个数字滤波器，其差分方程可以写为

$$y(n) = \sum_{k=1}^{N} a_k y(n-k) + \sum_{k=0}^{M} b_k x(n-k) \quad (4-1-1)$$

对应的系统函数为

$$H(z) = \frac{Y(z)}{X(z)} = \frac{\sum_{k=0}^{M} b_k z^{-k}}{1 + \sum_{k=1}^{N} a_k z^{-k}} \qquad (4-1-2)$$

观察式（4-1-1）可知，数字信号处理中有乘法、加法和单位延迟三种基本运算，分别对应三种不同的运算单元。其框图和流图如图 4-1-1 所示，（a）为框图或结构图，这是一种直观的表示；（b）为信号流图表示，这种方法更加简单方便。

在图 4-1-1（b）的信号流图中，加法器是用一个网络节点表示，乘法器和延迟器用一条网络支路表示，延迟器中的 z^{-1} 和乘法器中的 a 作为支路增益标明在箭头上方，箭头表示信号的流动方向。这样，一个数字滤波器的信号流图体现为由节点和支路组成的网络。

在图 4-1-2 所示流图中，包含了节点和支路，输入 $x(n)$ 的节点称源节点或输入节点，输出 $y(n)$ 的节点称为吸收节点或输出节点。图中每个节点都有输入支路和输出支路，节点的值等于所有输入支路之和，用信号流图表示系统的运算情况（网络结构）是比较简明的。

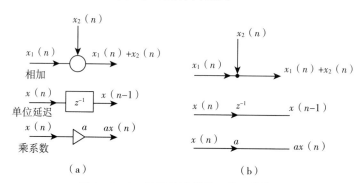

图 4-1-1　数字滤波器的三种运算符号

（a）框图　（b）信号流图

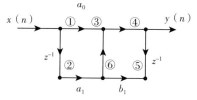

图 4-1-2　系统的信号流图

节点 1：$x(n)$

节点 2：$x(n-1)$

节点 3：$a_0 x\,(n)\,a_1 x\,(n-1)\,+b_1 y\,(n-1)\,=y\,(n)$

节点 4：④＝③

节点 5：$y\,(n-1)$

节点 6：$a_1 x\,(n-1)\,+b_1 y\,(n-1)$

不同的信号流图代表不同的运算方法，而对于同一个系统函数可以有多种信号流图与之相对应。从基本运算考虑，满足以下条件，称为基本信号流图，这些条件包括：

（1）信号流图中所有支路都是基本支路，即支路增益是常数或者是 z^{-1}。

（2）流图环路中必须存在延迟支路。

（3）节点和支路的数目是有限的。

网络结构也可以分成两类：一类称为有限长冲激响应网络，简称 FIR（Finite Impulse Response）网络；另一类称为无限长冲激响应网络，简称 IIR（Infinite Impulse Response）网络，这两类网络分别与 FIR 滤波器和 IIR 滤波器对应。

FIR 网络中一般不存在输出对输入的反馈支路，因此差分方程用下式描述，其单位脉冲响应 $h\,(n)$ 是有限长的。

$$y(n) = \sum_{k=0}^{M} b_k x(n-k) \qquad (4-1-3)$$

IIR 网络结构存在输出对输入的反馈支路，也就是说，信号流图中存在反馈环路。这类网络的单位脉冲响应是无限长的。IIR 滤波器的系统函数为

$$y(n) = \sum_{k=1}^{N} a_k y(n-k) + \sum_{k=0}^{M} b_k x(n-k) \qquad (4-1-4)$$

IIR 滤波器在结构上存在输出到输入的反馈，也就是结构上是递归型的；FIR 滤波器在结构上不存在输出到输入的反馈，即非递归型。

在描述 FIR 滤波器的差分方程中，输出只和 $y\,(n)$ 有关，即结构上不存在输出到输入的反馈；而在描述 IIR 滤波器的差分方程中，输出不仅和 $y\,(n)$ 有关，还与以前时刻的输出有关，即在结构上存在输出到输入的反馈。

4.2　无限长冲激响应（IIR）滤波器的结构

IIR 滤波器的单位冲激响应为无限长序列，系统函数在有限 z 平面上存在极点，其运算结构的特点是含有反馈环路，表现为递归的结构，同一系统函数有三种不同的实现结构：直接型、级联型和并联型。

4.2.1　直接型网络结构

一个阶数为 N 的 IIR 滤波器的系统函数可以表示如下：

$$H(z) = \frac{Y(z)}{X(z)} = \frac{\sum\limits_{k=0}^{N} b_k z^{-k}}{1 - \sum\limits_{k=1}^{N} a_k z^{-k}} = H_1(z)H_2(z) \quad (4-2-1)$$

不失一般性，令 $M=N$，式中

$$H_1(z) = \sum_{k=0}^{N} b_k z^{-k} \qquad (4-2-2)$$

与上式对应的差分方程表示为

$$y_1(n) = \sum_{k=0}^{N} b_k x(n-k) \qquad (4-2-3)$$

而另一部分

$$H_2(z) = \frac{1}{1 - \sum\limits_{k=1}^{N} a_k z^{-k}} \qquad (4-2-4)$$

与式（4-2-4）对应的差分方程表示为

$$y_2(n) = \sum_{k=1}^{N} a_k y(n-k) \qquad (4-2-5)$$

$$y(n) = y_1(n) + y_2(n) \qquad (4-2-6)$$

上式说明，$y(n)$ 由两部分相加组成，第一部分 $y_1(n)$ 是一个对输入序列 $x(n)$ 进行了 N 节延时的结构，每节延迟后加权相加得到 $\sum\limits_{k=0}^{N} b_k x(n-k)$，是一个横向结构网络，是对 $H_1(z)$ 的实现；第二部分 $y_2(n)$ 也是一个包含 N 节延时的结构网络，但是它是对输出 $y(n)$ 进行延时，是个反馈网络，它是对 $H_2(z)$ 的实现，这两部分相加构成总的输出。由于这种结构是直接根据系统函数得到的，因此成为直接 I 型结构，如图 4-2-1 所示。

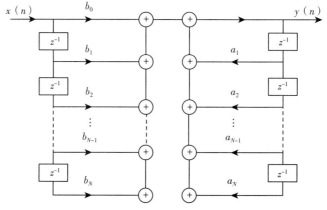

图 4-2-1 IIR 滤波器直接 I 型结构

从图 4-2-1 中可以看到，N 阶直接型结构需要 2N 级延时单元，直接型结构中的两部分也可分别看做是两个独立的网络。由于系统是线性的，满足交换律，显然将级联的次序调换不会影响总的结果。即

$$H(z) = H_1(z)H_2(z) = H_2(z)H_1(z) \qquad (4-2-7)$$

其结构如图 4-2-2 所示。

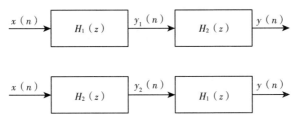

图 4-2-2　IIR 滤波器两个独立结构前后互换

即信号先经过反馈网络 $H_2(z)$，其输出为中间变量 $y_2(n)$：

$$H_2(z) = \frac{Y_2(z)}{X(z)} = \frac{1}{1 - \sum_{k=1}^{N} a_k z^{-k}}$$

$$y_2(n) = \sum_{k=1}^{N} a_k y_2(n-k) + x(n) \qquad (4-2-8)$$

再将 $y_2(n)$ 通过网络 $H_1(z)$，就得到系统的最后输出 $y(n)$：

$$H_1(z) = \frac{Y(z)}{Y_2(z)} = \sum_{k=0}^{N} b_k z^{-k}$$

$$y(n) = \sum_{k=0}^{N} b_k y_2(n-k) \qquad (4-2-9)$$

改变级联顺序后，得到图 4-2-3（a）结构图，可以看出，中间的两条延时链完全相同，将它们合并后，得到的结构如图 4-2-3（b）所示。这种结构称为正准型结构或直接 Ⅱ 型结构。直接 Ⅱ 型结构能省一半的延时单元，即

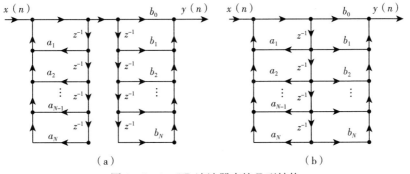

（a）　　　　　　　　　　　（b）

图 4-2-3　IIR 滤波器直接 Ⅱ 型结构

N 阶的滤波器只需要 N 个延时单元。

在 MATLAB 中，可利用函数 filter 实现 IIR 滤波器的直接形式，调用格式为 Y=filter（B，A，X）；其中，B 为系统转移函数的分子多项式的系数矩阵，A 为系统转移函数的分母多项式的系数矩阵，X 为输入序列，Y 为输出序列。

例 4-2-1 已知 IIR 滤波器的系统函数为

$$H(z) = \frac{1 - 3z^{-1} + 11z^{-2} - 27z^{-3} + 18z^{-4}}{16 + 12z^{-1} + 2z^{-2} - 4z^{-3} + 18 - z^{-4}}$$

输入为单位冲激序列，求输出。

解 求解例 4-2-1 的 MATLAB 实现程序如下。

%输入系数矩阵

b = [1，-3，11，-27，18]；

a= [16，12，2，-4，-1]；

%输入序列

x= [1，zeros（1，100）]；

%滤波器输出

y=filter（b，a，x）；

t=1：101；

plot（t，y）；

xlabel（′n′）；ylabel（′y（n）′）；

系统输出波形如图 4-2-4 所示。

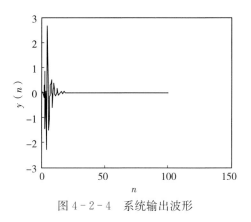

图 4-2-4 系统输出波形

4.2.2 级联型网络结构

对于任何实系数的系统函数 $H(z)$，都可以将它分解成因式相连乘的形式，即

$$H(z) = \frac{\sum_{j=0}^{N} b_j z^{-j}}{1 - \sum_{i=1}^{N} a_i z^{-i}} = A_0 \prod_{i=1}^{k} H_i(z) \qquad (4-2-10)$$

式中，A_0 为常数；$H_i(z)$ 为子滤波器系统函数，它可以表示成 z^{-1} 的一阶或二阶多项式之比，即

$$H_i(z) = \frac{1 + \beta_{1i} z^{-1}}{1 - \alpha_{1i} z^{-1}} \qquad (4-2-11)$$

或 $$H_i(z) = \frac{1+\beta_{1i}z^{-1}+\beta_{2i}z^{-2}}{1-\alpha_{1i}z^{-1}-\alpha_{2i}z^{-2}} \tag{4-2-12}$$

子滤波器系统结构图如图 4-2-5、图 4-2-6 所示。

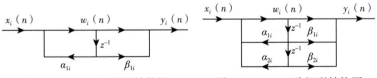

图 4-2-5　一阶级联结构图　　　图 4-2-6　二阶级联结构图

下面仅就二阶情况加以说明。

由图 4-2-6 可以写出

$$W_i(z) = X_i(z) + \alpha_{1i}z^{-1}W_i(z) + \alpha_{2i}z^{-2}W_i(z) \tag{4-2-13}$$

整理得 $$W_i(z) = \frac{X_i(z)}{1-\alpha_{1i}z^{-1}-\alpha_{2i}z^{-2}} \tag{4-2-14}$$

由图 4-2-6 还可以写出

$$Y_i(z) = W_i(z) + \beta_{1i}z^{-1}W_i(z) + \beta_{2i}z^{-2}W_i(z)$$
$$= W_i(z)(1+\beta_{1i}z^{-1}+\beta_{2i}z^{-2})$$

将式（4-2-14）代入上式得

$$H_i(z) = \frac{Y_i(z)}{X_i(z)} = \frac{1+\beta_{1i}z^{-1}+\beta_{2i}z^{-2}}{1-\alpha_{1i}z^{-1}-\alpha_{2i}z^{-2}} \tag{4-2-15}$$

这说明图 4-2-6 就是式（4-2-12）的结构图。

二阶结构是级联结构的一种基本形式，一阶结构，即图 4-2-6 可以看作是二阶结构当 $\alpha_{2i}=\beta_{2i}=0$ 时的特殊情况。

因此，对于式（4-2-10），由子系统级联构成的总体数字滤波器结构，如图 4-2-7 所示。

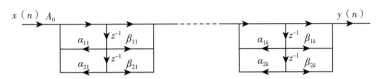

图 4-2-7　IIR 滤波器级联系统总体结构图

级联结构的一个重要优点是所用存储单元较少。用硬件实现时，可以采用二阶结构进行分时复用。另外，它的每一个基本节仅关系到滤波器的一对极点和一对零点，调整参数 α_{1i}、α_{2i} 或 β_{1i}、β_{2i} 单独调整了第 i 对零、极点，对其他零、极点无影响。这种结构便于准确控制滤波器的零、极点，便于滤波器性能调节。

在 MATLAB 中，可以用函数 if2sos 将直接形式结构的系数转换为相应级联结构的系数，也可以用函数 sos2tf 将级联形式结构的系数转换为相应直接结构的系数；tf2zp 用来求系统函数的零、极点及增益，zp2tf 用于在零、极点已知时求系统函数（即直接形式结构的系数）；zp2sos 用来实现由系统的零、极点到级联结构的转换，而 sos2zp 实现一个相反的转换。

tf2sos 的调用格式为

$$[\mathrm{sos},\mathrm{G}] = \mathrm{tf2sos}(\mathrm{B},\mathrm{A});$$

其中，G 为系统的增益，sos 为一个 $k \times 6$ 的矩阵，k 为二阶子系统的个数，每一行的元素都按如下方式排列

$$[\beta_{0i},\beta_{1i},\beta_{2i},1,-\alpha_{1i},-\alpha_{2i}] = \mathrm{tf2sos}(\mathrm{B},\mathrm{A});\quad i=1,2,\cdots,k$$

例 4 - 2 - 2　IIR 滤波器直接型到级联型的转换，系统函数同例 4 - 2 - 1。

解　求解例 4 - 2 - 2 的 MATLAB 实现程序如下。

％直接型到级联型转换
b＝［1，−3，11，−27，18］；
a＝［16，12，2，−4，−1］；
fprintf（'级联型结构系数：'）
级联型结构系数：
sos＝1.000 0　−3.000 0　2.000 0　1.000 0　−0.250 0　−0.125 0
　　 1.000 0　　0.000 0　9.000 0　1.000 0　1.000 0　0.500 0
g＝0.062 5
由级联型结构系数写出 $H(z)$ 表达式为

$$H(z) = 0.062\ 5 \left(\frac{1+9z^{-2}}{1+z^{-1}+0.5z^{-2}}\right)\left(\frac{1-3z^{-1}+2z^{-2}}{1-0.25z^{-1}-0.125z^{-2}}\right)$$

级联型结构图如图 4 - 2 - 8 所示。

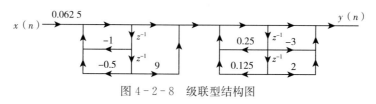

图 4 - 2 - 8　级联型结构图

4.2.3　并联型网络结构

将传递函数展开成部分分式，然后再用实系数的一阶节或者二阶节予以实现，就得到了滤波器的并联型结构。

$$H(z) = \gamma_0 + \sum_{i=1}^{k} H_i(z) \qquad (4-2-16)$$

式中，γ_0 为常数，子滤波器 $H_i(z)$ 为 z^{-1} 的一阶或二阶多项式之比，其

一般形式分别为

$$H_i(z) = \frac{\gamma_{0i}}{1 - \alpha_{1i}z^{-1}}$$

或　　　　　$$H_i(z) = \frac{\gamma_{0i} + \gamma_{1i}z^{-1}}{1 - \alpha_{1i}z^{-1} - \alpha_{2i}z^{-2}} \qquad (4-2-17)$$

子滤波器 $H_i(z)$ 的结构图分别如图 $4-2-9$、图 $4-2-10$ 所示。

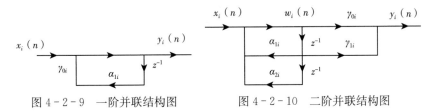

图 $4-2-9$　一阶并联结构图　　　图 $4-2-10$　二阶并联结构图

下面仅就二阶情况加以说明。由图 $4-2-10$ 可以写出

$$W_i(z) = X_i(z) + W_i(z)\alpha_{1i}z^{-1} + W_i(z)\alpha_{2i}z^{-2}$$

整理得　　　　　$$W_i(z) = \frac{X_i(z)}{1 - \alpha_{1i}z^{-1} - \alpha_{2i}z^{-2}} \qquad (4-2-18)$$

由图 $4-2-10$ 还可以写出

$$Y_i(z) = \gamma_{0i}W_i(z) + \gamma_{1i}z^{-1}W_i(z) = W_i(z)(\gamma_{0i} + \gamma_{1i}z^{-1}) \qquad (4-2-19)$$

将式 $(4-2-18)$ 代入式 $(4-2-19)$ 得

$$H_i(z) = \frac{Y_i(z)}{X_i(z)} = \frac{\gamma_0 + \gamma_{1i}z^{-1}}{1 - \alpha_{1i}z^{-1} - \alpha_{2i}z^{-2}}$$

上式即为式 $(4-2-17)$，说明了图 $4-2-10$ 就是式 $(4-2-17)$ 的结构图。

二阶结构是并联结构的一种基本形式，一阶结构可以看作是二阶结构当 γ_{1i} 时的特殊情况。

这样，对于式 $(4-2-16)$，由子系统并联构成的总体数字滤波器的结构图如图 $4-2-11$ 所示。

并联结构和级联结构类似，可以单独调整极点位置，但却不能像级联形式那样直接控制零点。在运算方面，并联结构各基本节之间误差互不影响，比级联形式总的误差要稍小一点。因此，当要求准确地传输零点时，采用级联形式最合适。其他情况下，可以选用其中任一种结构。

在 MATLAB 的扩展函数中，dir2par 可实现由直接型结构到并联型结构的转换；par2dir 可实现由并联型结构到直接型结构的转换。dir2par 函数中还调用了另外一个复共轭对比较扩展函数 cplxcomp。

扩展函数 dir2par 的 M 文件（dir2par.m）清单：

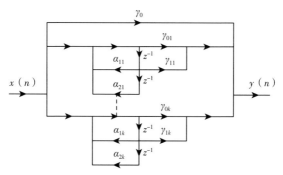

图 4 - 2 - 11　IIR 滤波器并联总体结构图

```
function [C, B, A] =dir2par (b, a);
%直接型到并联型的转换
%C=当分子多项式阶数大于分母多项式阶数时产生的多项式
%B=k 乘 2 维子滤波器分子系数矩阵
%A=k 乘 3 维子滤波器分母系数矩阵
%a=直接型分子多项式系数
%b=直接型分母多项式系数
M=length (b);
N=length (a);
[r1, p1, C] =residuez (b, a);
p=cplxpair (p1, 10000000 * eps);
I=cplxcomp (p1, p);
r=r1 (I);
K=floor (N/2);
B=zeros (K, 2);
A=zeros (K, 3);
if K * 2==N;
      for i=1: 2: N—2
      Brow=r (i: 1: i+l,:);
      Arow=p (i: 1: i+l,:);
       [Brow, Arow] =residuez (Brow, Arow, []);
      B (fix ( (i+1) /2),:) =real (Brow');
    A (fix ( (i+1) /2),:) =real (Arow');
end
      [Brow, Arow] =residuez (r (N—1), p (N—1), []);
```

$$B (K,:) = [real (Brow') \ 0];$$
$$A (K,:) = [real (Arow') \ 0];$$

else

　　for i=1: 2: N−1
　　　　Brow=r (i: 1: i+1,:);
　　　　Arow=p (i: 1: i+1,:);
　　　　[Brow, Arow] =residuez (Brow, Arow, []);
　　　　B (fix ((i+1) /2),:) =real (Brow);
　　　　A (fix ((i+1) /2),:) =real (Arow);

　　end

end

复共轭对比较扩展函数 cplxcomp. m 程序清单：

　　function I=cplxcomp (p1, p2)

　　%复共轭对比较

　　I= [];

　　for j=1: length (p2)
　　　　for i=1: length (p1)
　　　　　if (abs (p1 (i) −p2 (j)) <0.0001)
　　　　　　　I= [I, i];
　　　　　end
　　　　end

end I=I';

例 4 - 2 - 3　IIR 滤波器直接型到并联型的转换，系统函数同例 4 - 2 - 1。

解　求解例 4 - 2 - 3 的 MATLAB 实现程序如下。

　　%直接型到并联型转换

　　b= [1, −3, 11, −27, 18];

　　a= [16, 12, 2, −4, −1];

　　fprinff ('并联型结构系数:')

　　[C, B, A] =dir2par (b, a)

并联型结构系数：

　　C=−18

　　B=−10.050 0　　−3.950 0

　　　　28.112 5　　−13.362 5

　　A=1.000 0　　1.000 0　　0.500 0

　　　　1.000 0　　−0.250 0　　−0.125 0

由并联型结构系数写出 $H(z)$ 表达式为

$$H(z) = -18 + \frac{-10.05 - 3.95z^{-1}}{1 + z^{-1} + 0.5z^{-2}} + \frac{25.1125 - 13.3625z^{-1}}{1 - 0.25z^{-1} - 0.125z^{-2}}$$

并联型结构图如图 4-2-12 所示。

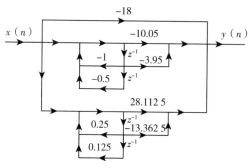

图 4-2-12 并联型结构图

4.3 有限长冲激响应（FIR）滤波器的基本结构

有限长单位抽样响应因果系统的系统函数可表示为

$$H(z) = \sum_{n=0}^{N-1} h(n)z^{-n} \qquad (4-3-1)$$

FIR 数字滤波器的基本结构有以下几种形式。

4.3.1 直接型（横截型、卷积型）

式（4-3-1）的系统的差分方程也可以用线性卷积表示 FIR 数字滤波器输入与输出的关系，即

$$y(n) = \sum_{m=0}^{N-1} h(m)x(n-m) \qquad (4-3-2)$$

根据式（4-3-1）或式（4-3-2）可直接画出图 4-3-1 所示的 FIR 滤波器的直接型结构。由于该结构利用输入信号和滤波器单位冲激响应的线性卷积来描述输出信号，所以 FIR 滤波器的直接型结构又称为卷积型结构，有时也称为横截型结构或横向滤波器结构。

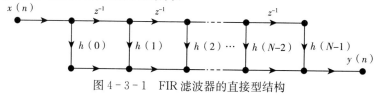

图 4-3-1 FIR 滤波器的直接型结构

将转置定理应用于图 4-3-1，得到如图 4-3-2 所示的转置直接型结构。

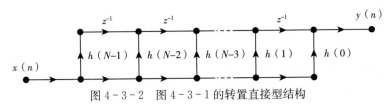

图 4-3-2　图 4-3-1 的转置直接型结构

4.3.2　级联型

将系统函数分解成二阶实数系的乘积形式，即

$$H(z) = \sum_{n=0}^{N-1} h(n)z^{-n} = \prod_{k=1}^{\lceil N/2 \rceil} (\beta_{0k} + \beta_{1k}z^{-1} + \beta_{2k}z^{-2})$$

$$(4-3-3)$$

式中，$\lceil N/2 \rceil$ 表示 $N/2$ 的整数部分。若为偶数，则为奇数，故系数 β_{2k} 中有一个为零，这是因为，这时有奇数个根，其中复数根成共轭对，必为偶数，必然有奇数个实根。图 4-3-3 画出了 N 为奇数时 FIR 的级联结构。级联结构中的每一个基本节控制一对零点，所用的系数乘法次数比直接型多，运算时间较直接型长。

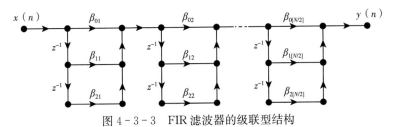

图 4-3-3　FIR 滤波器的级联型结构

在 MATLAB 中，仍可用函数 tf2sos 和 sos2tf 实现直接型系数与级联型系数之间的相互转换，但要将其中的矢量 A 设置为 l。

例 4-3-1　FIR 滤波器直接型到级联型的转换，系统函数为

$$H(z) = 2 + \frac{13}{12}z^{-1} + \frac{5}{4}z^{-2} + \frac{2}{3}z^{-3}$$

解　求解例 4-3-1 的 MATLAB 实现程序如下。

```
%FIR 直接型到级联型转换
b= [2, 13/12, 5/4, 2/3];
a=1;
fprintf ('级联型结构系数');
```

[sos，g] ＝tf2sos（b，a）

级联型结构系数：

sos＝1.000 0   0.536 0   0   1.000 0 0   0

1.000 0   0.005 7 0.621 9 1.000 0   0   0

g＝2

由级联型结构系数写出 $H(z)$ 表达式为

$$H(z) = 2(1+0.536z^{-1})(1+0.0057z^{-1}+0.6219z^{-2})$$

级联型结构图如图 4-3-4 所示。

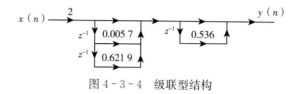

图 4-3-4 级联型结构

4.3.3 快速卷积型

根据循环卷积和线性卷积的关系可知，只要将两个有限长序列补上一定的零值点，就可以用循环卷积来代替两个序列的线性卷积。由于时域的循环卷积等效到频域则为离散傅里叶变换的乘积，如果

$$x(n) = \begin{cases} x(n), 0 \leqslant n \leqslant N_1-1 \\ 0, N_1 \leqslant n \leqslant L-1 \end{cases}$$

$$h(n) = \begin{cases} h(n), 0 \leqslant n \leqslant N_2-1 \\ 0, N_2 \leqslant n \leqslant L-1 \end{cases}$$

将输入 $x(n)$ 补上 $L-N_1$ 个零值点，将有限长单位冲激响应 $h(n)$ 补上 $L-N_2$ 个零值点，只要满足 $L \geqslant N_1+N_2-1$，则该点的循环卷积就能代表线性卷积。利用循环定理，采用 FFT 实现有限长序列 $x(n)$ 和 $h(n)$ 的线性卷积，则可得到 FIR 滤波器的快速卷积结构，如图 4-3-5 所示，当 N_1、N_2 很长时，它比直接计算线性卷积要快得多。

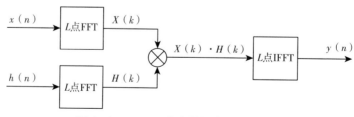

图 4-3-5 FIR 滤波器的快速卷积结构

4.3.4　频率抽样型

4.3.4.1　理论依据

由频域抽样定理可知，对有限长序列 $h(n)$ 的 z 变换 $H(z)$ 在单位圆上做 N 点等间隔抽样，N 个频率抽样值的离散傅里叶反变换所对应的时域信号 $h_N(n)$ 是原序列 $h(n)$ 以抽样点数 N 为周期进行周期延拓的结果，当 N 大于原序列 $h(n)$ 的长度 M 时，$h_N(n)=h(n)$，不会发生信号失真，此时 $H(z)$ 可以用频域抽样序列内插得到，内插公式如下：

$$H(z) = (1 - z^{-N}) \frac{1}{N} \sum_{n=0}^{N-1} \frac{H(k)}{1 - W_N^{-k} z^{-1}} \qquad (4-3-4)$$

式中

$$H(k) = H(z)\big|_{z=e^{\frac{2\pi}{N}k}}, k = 0, 1, \cdots, N-1 \qquad (4-3-5)$$

式 (4-3-4) 的 $H(z)$ 可以写为

$$H(z) = \frac{1}{N} H_c(z) \sum_{n=0}^{N-1} H'_k(z) \qquad (4-3-6)$$

式中

$$H_c(z) = 1 - z^{-N} \qquad (4-3-7)$$

$$H'_k(z) = \frac{H(k)}{1 - W_N^{-k} z^{-1}} \qquad (4-3-8)$$

4.3.4.2　结构形式及特点

式 (4-3-6) 所描述的 $H(z)$ 的第一部分 $H_c(z)$ 是一个由 N 阶延时单元组成的梳状滤波器。它在单位圆上有 N 个等间隔的零点

$$z_i = e^{\frac{2\pi}{N}i} = W_N^{-i}, i = 0, 1, \cdots, N-1 \qquad (4-3-9)$$

它的频响是梳齿状的，如图 4-3-6 所示，所以我们称作梳状滤波器。

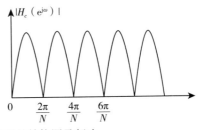

图 4-3-6　梳状滤波器的结构图及频响

$H(z)$ 的第二部分是由 N 个一阶网络 $H'_k(z)$ 组成的并联结构，每个一阶网络在单位圆上有一个极点

$$z_k = W_N^{-k} = e^{\frac{2\pi}{N}k}$$

因此，$H(z)$ 的第二部分是一个有 N 个极点的谐振网络。这些极点正好与第一部分梳状滤波器的 N 个零点相抵消，从而使 $H(z)$ 在这些频率上的响应等于 $H(k)$。把这两部分级联起来就可以构成 FIR 滤波器的频率抽样型结构，如图 4-3-7 所示。

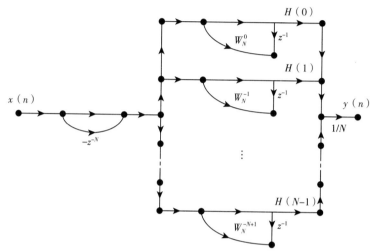

图 4-3-7　FIR 滤波器的频率抽样型结构

4.3.4.3　频率抽样修正结构

单位圆上的所有零、极点向内收缩到半径为 r 的圆上，这里的 r 稍小于 1，这时的系统 $H(z)$ 可表示为

$$H(z) = (1 - r^N z^{-N}) \frac{1}{N} \sum_{k=0}^{N-1} \frac{H_r(k)}{1 - r W_N^{-k} z^{-1}} \qquad (4-3-10)$$

式中，$H_r(k)$ 是在半径为 r 的圆上对 $H(z)$ 的 N 点进行等间隔抽样之值。由于 $r \approx 1$，所以可近似取 $H_r(k) = H(k)$。因此

$$H(z) \approx (1 - r^N z^{-N}) \frac{1}{N} \sum_{k=0}^{N-1} \frac{H(k)}{1 - r W_N^{-k} z^{-1}} \qquad (4-3-11)$$

根据 DFT 的共轭对称性，如果 $h(n)$ 是实数序列，则其离散傅里叶变换 $H(k)$ 关于 $N/2$ 点共轭对称，即

$$H(k) = H^*(N-k), \begin{cases} k = 1, 2, \cdots, \dfrac{N-1}{2}, N\ \text{为奇数} \\[2mm] k = 1, 2, \cdots, \dfrac{N}{2} - 1, N\ \text{为偶数} \end{cases}$$

$$(4-3-12)$$

又因为 $(W_N^{-k})^* = W_N^{-(N-K)}$，为了得到实数系数，将 $H_k(z)$ 和 $H_{N-k}(z)$ 合并为一个二阶网络，记为

$$H_k(z) \approx \frac{H(k)}{1 - rW_N^{-k}z^{-1}} + \frac{H(N-k)}{1 - rW_N^{-(N-K)}z^{-1}}$$

$$= \frac{H(k)}{1 - rW_N^{-k}z^{-1}} + \frac{H^*(k)}{1 - r(W_N^{-k})^* z^{-1}}$$

$$= \frac{a_{0k} + a_{1k}z^{-1}}{1 - 2r\cos(\frac{2\pi}{N}k)z^{-1} + r^2 z^2}, \begin{cases} k = 1, 2, \cdots, \dfrac{N-1}{2}, N \text{ 为奇数} \\ k = 1, 2, \cdots, \dfrac{N}{2} - 1, N \text{ 为偶数} \end{cases}$$

$$(4-3-13)$$

式中，$a_{0k} = 2\mathrm{Re}[H(k)]$，$a_{1k} = -2\mathrm{Re}[rH(k)W_N^k]$。

该网络是一个谐振频率为 $\omega_k = 2\pi k/N$ 有限 Q 值（品质因素）的谐振器，其结构如图 4-3-8 所示。

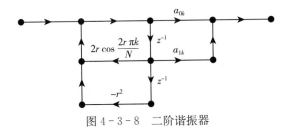

图 4-3-8　二阶谐振器

除共轭复根外，$H(z)$ 还有实根。当 N 为偶数时，有一对实根 $z = \pm r$，除二阶网络外，尚有两个对应的一阶网络，即

$$H_0(z) = \frac{H(0)}{1 - rz^{-1}}, H_{N/2}(z) = \frac{H(N/2)}{1 + rz^{-1}}$$

这时的 $H(z)$ 可表示为

$$H(z) = (1 - r^N z^{-N}) \frac{1}{N} \Big[H_0(z) + H_{N/2}(z) + \sum_{k=1}^{N/2-1} H(k) \Big]$$

$$(4-3-14)$$

其结构如图 4-3-9 所示。图中 $H_k(z)$，$z = 1, 2, 3, \cdots, \dfrac{N-1}{2}$ 的结构如图 4-3-8 所示。

当 N 为奇数时，只有一个实根 $z = r$，对应一个一阶网络 $H_0(z)$，这时的 $H(z)$ 为

$$H(z) = (1 - r^N z^{-N}) \frac{1}{N} \Big[H_0(z) + \sum_{k=1}^{(N-1)/2} H_k(z) \Big]$$

$$(4-3-15)$$

显然，N 等于奇数时的频率抽样修正结构由一个一阶网络结构和 $(N-1)/2$ 个二阶网络结构组成。

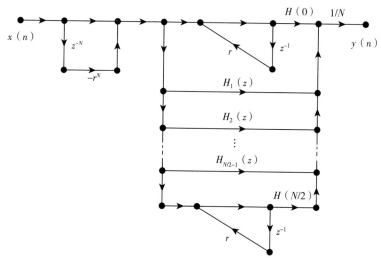

图 4 - 3 - 9　频率抽样修正结构

例 4 - 3 - 2　已知 FIR 滤波器的单位抽样响应函数 $h(n) = \{1, 1/9, 2/9, 3/9, 2/9, 1/9\}$，求系统函数 $H(z)$ 的频率抽样型结构。

解　该滤波器为五阶系统，通过调用自编函数 tf2fs 完成结构各系数的计算。

h＝[1, 2, 3, 2, 1/9];　　　　　%系统函数分子多项式系数

[C, B, A]＝tf2fs(h)　　　　　%调用直接型 FIR 系统的系数直接转换为频率抽样型结构的系数

%直接型 FIR 系统的系数直接转换为频率抽样型结构的系数

function　　[C, B, A]＝tf2fs(h)

%c＝各并联部分增益的行向量

%B＝按行排列的分子系数矩阵

%A＝按行排列的分母系数矩阵

%h(n)＝直接型 FIR 系统的系数，不包括 h(0)

N＝length(h); H＝fft(h);　　　　　%计算 h(n) 的频率响应

magH＝abs(H); phaH＝angle(H)';　　　　%求频率响应的幅度和相位

if (N＝＝－2 * fl00r(N/2))　　　　　%N 为偶数时

L＝N/2－1; A1＝[1, －1, 0; 1, 1, 0];　　　%设置两极点－1 和 1

cl＝[real(H(1)), real(H(L+2))];　　　%对应的结构系数

Else　　　　　　　　　　　%N 为奇数时

L＝(N－1)/2; A1＝[1, －1, 0];　　　%设置单实极点 1

C1＝[real(H(1))];　　　　　%对应的结构系数

end

k＝［1：L］'；
B＝zeros（L，2）；A＝ones（L，3）；
A（1：L，2）＝－2％cos（2 * pi * k/N）；A＝［A；A1］；
％计算分母系数
B（1：L，1）＝cos（phaH（2：L+1））；　　　　　　　　％计算分子系数
B（1：L，2）＝－cos（phaH（2：L+1）－（2 * pi * k/N））；
c＝［2 * magH（2：L+1），C1］'；　　　　　　　　　　％计算增益
MATLAB 运行结果如下：
C＝
　0.581 8
　0.084 9
　1.000 0
B＝
　－0.809 0　　　0.809 0
　0.309 0　　　－0.309 0
A＝
　1.000 0　　　　－0.618 0　　　1.000 0
　1.000 0　　　1.618 0　　　1.000 0
　1.000 0　　　－1.000 0　　　0

因为 .0 000，所以只有一个一阶环节，系统的频率抽样型结构为

$$H(z) = \frac{1-z^{-5}}{5}\left(0.581\,8\frac{-0.809+0.809z^{-1}}{1-1.618z^{-1}+z^{-2}} + 0.084\,8\frac{0.309-0.309z^{-1}}{1+1.618z^{-1}+z^{-2}} + \frac{1}{1-z^{-1}}\right)$$

系统结构图如图 4 - 3 - 10 所示。

一般来说，当抽样点数 N 较大时，频率抽样结构比较复杂，所需的乘法器和延时器比较多。但在以下两种情况下，使用频率抽样结构比较经济。

①对于窄带滤波器，其多数抽样值 $H(k)$ 为零，谐振器柜中只剩下几个所需要的谐振器。这时采用频率抽样结构比直接型结构所用的乘法器少，当然存储器还是要比直接型用得多一些。

②在需要同时使用很多并列滤波器的情况下，这些并列的滤波器可以采用频率抽样结构，并且可以大家共用梳状滤波器的谐振柜，只要将各谐振器的输出适当加权组合就能组成各个并列的滤波器。

总之，在抽样点数 N 较大时，采用图 4 - 3 - 10 所示的频率抽样型结构比较经济。

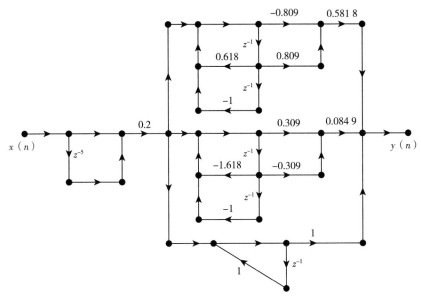

图 4-3-10　例 4-3-2 系统的频率抽样型结构

4.3.5　梳状滤波器

在 4.3.4 节中用到了梳状滤波器，现将其表达式重新表示如下：

$$H(z) = 1 - z^{-N} \qquad (4-3-16)$$

式（4-3-16）表示的系统在单位圆上有 N 个均匀分布的零点 $e^{j\frac{2\pi k}{N}}$（$k=$ 0，1，…，$N-1$），在原点处有 N 阶极点，系统的幅度频率响应函数最在图 4-3-6 中显示。

梳状滤波器还有其特殊的用途，就是去除周期性噪声，或是增强周期性的信号分量。根据图 4-3-6 可知，式（4-3-16）表示系统的幅度频率响应函数在每个峰值和过零点之间都是过渡带，因此，如果用该系统函数进行陷波，即去除周期性的噪声，那么在去除工频干扰的同时也会使信号失真；如果采用该系统函数进行增强周期分量，那么在周期分量周围的信号也得到较大的增强。这里将针对梳状滤波器的不同用途，引入两种系统转移函数：

$$H_1(z) = b\frac{1-z^{-N}}{1-Rz^{-N}}, b = \frac{1+R}{2}, 0 \leqslant R < 1 \quad (4-3-17)$$

$$H_2(z) = b\frac{1+z^{-N}}{1-Rz^{-N}}, b = \frac{1-R}{2}, 0 \leqslant R < 1 \quad (4-3-18)$$

下面分别对式（4-3-17）和式（4-3-18）表示的系统函数进行分析。

4.3.5.1　陷波应用

式（4-3-17）表示的系统函数 $H_1(z)$，其零点的位置与式（4-3-16）

表示的系统一样，都是均匀地分布在单位圆上，极点均匀地分布在以 $R^{\frac{1}{N}}$ 为半径的圆上，为 $R^{\frac{1}{N}}e^{j\frac{2\pi}{N}k}$（$k=0$，1，…，$N-1$），图 4-3-11 示出了其零、极点分布和幅频特性。

由图 4-3-11 可以看出，由于 $H_1(z)$ 引入了和零点同一方向的极点，因此，幅度响应函数在每两个零点之间都比较平坦，用这样的系统陷波可以有效地防止信号的失真。因此，$H_1(z)$ 表示的系统其实就是一种陷波器，陷波的效果与 R 有关，当 R 越接近 1 时，幅度响应函数的每两个零点之间越平坦，信号的失真越小；当 $R=0$ 时，信号失真最大，此时的系统函数就变成式（4-3-11）表示的系统。

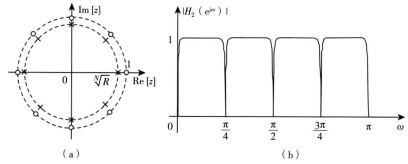

图 4-3-11　陷波作用梳状滤波器的零、极点分布和幅频特性（$N=8$，$R=0.9$）

（a）零、极点分布　（b）幅频特性

4.3.5.2　周期分量增强应用

式（4-3-18）表示的系统函数 $H_2(z)$，其零点也是均匀地分布在单位圆上，但与 $H_1(z)$ 的零点在相位上相差 π/N，$H_2(z)$ 的极点与 $H_1(z)$ 的极点分布相同，图 4-3-12 所示为其零、极点分布和幅频特性。

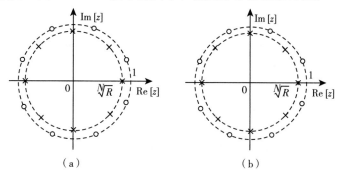

图 4-3-12　增强周期分量作用的梳状滤波器的零、极点分布和幅频特性（$N=8$，$R=0.9$）

（a）零、极点分布　（b）幅频特性

由图 4 - 3 - 12 可以看出，$H_2(z)$ 的幅频特性在频率为 $\dfrac{2\pi k}{N}$ 处呈现很尖的峰值，而在其他频率范围内基本为零，因此，能很好地增强信号中的周期分量。当 R 越接近 1 时，$H_2(z)$ 的增强作用越明显。

式（4 - 3 - 17）和式（4 - 3 - 18）表示的系统函数还满足互补关系，即

$$H_1(z) + H_2(z) = 1 \qquad (4 - 3 - 19)$$

$$|H_1(e^{j\omega})|^2 + |H_2(e^{j\omega})|^2 = 1 \qquad (4 - 3 - 20)$$

4.3.5.3 一般形式梳状滤波器

将 $H_1(z)$ 或 $H_2(z)$ 稍作修改，还可得到不同形式的梳状滤波器。例如

$$H_3(z) = \frac{1 - rz^{-N}}{1 - Rz^{-N}}, 0 \leqslant r < 1; 0 \leqslant R < 1 \quad (4 - 3 - 21)$$

图 4 - 3 - 13 显示了其幅频特性，当 $R > r$ 时，极点胜过零点，系统的幅频特性在极点频率处形成尖锐的峰，能起到很好的增强作用；当 $R < r$ 时，零点胜过极点，系统的幅频特性在极点频率处形成尖锐的楔，能起到很好的陷波作用。

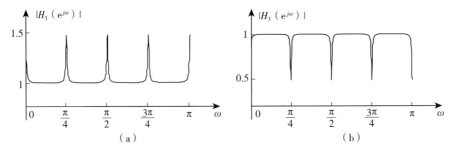

图 4 - 3 - 13 一般形式梳状滤波器的幅频特性
(a) $R > r$，$R = 0.9$，$r = 0.85$ (b) $R < r$，$R = 0.9$，$r = 0.95$

梳状滤波器由于其转移函数简单、灵活而得到广泛的应用，典型的是用来去除工频及其各次谐波的干扰。在彩色电视及高清数字电视中，梳状滤波器可用来从复合的视频信号中分离出黑白信号和彩色信号。

4.4 数字滤波器的格型结构

以上基于离散系统的单位抽样响应不同，将其分为 IIR 系统和 FIR 系统，并分别讨论了 IIR 系统和 FIR 系统的各种结构。下面讨论一种新的结构形式——格型（Lattice）结构。

4.4.1　全零点（FIR）格型滤波器

一个 M 阶 FIR 滤波器的系统函数 $H(z)$ 可写成如下形式：

$$H(z) = B(z) = \sum_{m=0}^{M} h(m)z^{-m} = 1 + \sum_{m=1}^{M} b_M^{(m)} z^{-m} \quad (4-4-1)$$

式中，$b_M^{(m)}$ 表示 M 阶 FIR 滤波器的第 m 个系数，并假设 $H(z)$ 的首项系数 $h(0) = 1$。

图 $4-4-1$ 所示的是一个一般的 M 阶全零点格型滤波器结构，它可以看成是由 M 个如图 $4-4-2$ 所示的格型网络单元级联而成的。每个网络单元有两个输入端和两个输出端，第一个网络单元的两个输入端为整个系统的输入信号 $x(n)$，而最后一个格型单元上面的输出为整个格型网络的输出。

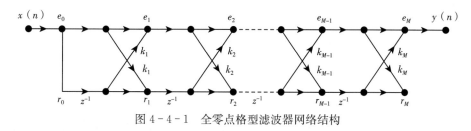

图 $4-4-1$　全零点格型滤波器网络结构

下面推导由 $H(z) = B(z)$ 的系数 $\{b_m\}$ 求出格型结构网络系数 $\{k_m\}$ 的逆推公式。图 $4-4-2$ 基本格型单元的输入、输出关系如下：

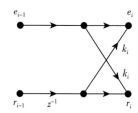

图 $4-4-2$　全零点格型结构基本单元

$$\begin{cases} e_i(n) = e_{i-1}(n) + k_i r_{i-1}(n-1) \\ r_i(n) = k_i e_{i-1}(n) + r_{i-1}(n-1) \end{cases} \quad (4-4-2)$$

且
$$\begin{cases} e_0(n) = r_0(n) = x(n) \\ y(n) = e_M(n) \end{cases} \quad (4-4-3)$$

式中，$e_i(n)$、$r_i(n)$ 分别为第 i 基本单元上、下端的输出序列，$e_{i-1}(n)$、$r_{i-1}(n)$ 分别为该单元上、下端输入序列。

设 $B_i(z)$、$J_i(z)$ 分别表示由输入端 $x(n)$ 至第 i 个基本单元上、下输出端 $e_i(n)$、$r_i(n)$ 对应的系统函数，即

$$\begin{cases} B_i(z) = E_i(z)/E_0(z) = 1 + \sum_{m=1}^{i} b_i^{(m)} z^{-m} \\ J_i(z) = R_i(z)/R_0(z) \end{cases}, i = 1, 2, \cdots, M$$

$$(4-4-4)$$

当 $i=M$ 时，$B_M(z) = B(z)$。对式（4-4-4）两边进行 z 变换得

$$\begin{cases} E_i(z) = E_{i-1}(z) + k_i z^{-1} R_{i-1}(z) \\ R_i(z) = k_i E_{i-1}(z) + z^{-1} R_{i-1}(z) \end{cases} \qquad (4-4-5)$$

对式（4-4-5）分别除以 $E_0(z)$ 和 $R_0(z)$，再由式（4-4-4）有

$$B_i(z) = B_{i-1}(z) + k_i z^{-1} J_{i-1}(z)$$

$$J_i(z) = k_i B_{i-1}(z) + z^{-1} J_{i-1}(z) \qquad (4-4-6)$$

式（4-4-6）可用矩阵表示为

$$\begin{bmatrix} B_i(z) \\ J_i(z) \end{bmatrix} = \begin{bmatrix} 1 & k_i z^{-1} \\ k_i & z^{-1} \end{bmatrix} \begin{bmatrix} B_{i-1}(z) \\ J_{i-1}(z) \end{bmatrix} \qquad (4-4-7)$$

$$\begin{bmatrix} B_{i-1}(z) \\ J_{i-1}(z) \end{bmatrix} = \frac{\begin{bmatrix} 1 & -k_i \\ -k_i z & z \end{bmatrix} \begin{bmatrix} B_i(z) \\ J_i(z) \end{bmatrix}}{1 - k_i^2} \qquad (4-4-8)$$

式（4-4-7）和式（4-4-8）分别给出了格型结构中由低阶到高阶和由高阶到低阶系统函数的递推关系，但这种关系中同时包含 $B_i(z)$、$J_i(z)$。实际中只给出了 $B_i(z)$，所以应找出 $B_i(z)$ 与 $J_i(z)$ 间的递推关系。

由式（4-4-4）有 $B_0(z) = J_0(z) = 1$，所以

$$\begin{cases} B_1(z) = B_0(z) + k_1 z^{-1} J_0(z) = 1 + k_1 z^{-1} \\ J_1(z) = k_1 B_0(z) + z^{-1} J_0(z) = k_1 + z^{-1} \end{cases} \qquad (4-4-9)$$

即

$$J_1(z) = z^{-1} B_1(z^{-1}) \qquad (4-4-10)$$

通过递推关系可推出

$$J_i(z) = z^{-i} B_i(z^{-1}) \qquad (4-4-11)$$

将式（4-4-11）代入式（4-4-7）和式（4-4-8）得

$$\begin{cases} B_i(z) = B_{i-1}(z) + k_i z^{-i} B_{i-1}(z^{-1}) \\ B_{i-1}(z) = \dfrac{B_i(z) - k_i z^{-i} B_i(z^{-1})}{1 - k_i^2} \end{cases} \qquad (4-4-12)$$

下面导出 k_i 与滤波器系统 $b_i^{(i)}$ 之间的递推关系。将式（4-4-4）代入式（4-4-12），利用待定系数法可得如下的两种递推关系：

$$\begin{cases} b_i^{(i)} = k_i \\ b_i^{(m)} = b_{i-1}^{(m)} + k_i b_{i-1}^{(i-m)} \end{cases} \qquad (4-4-13)$$

$$\begin{cases} k_i = b_i^{(i)} \\ b_{i-1}^{(m)} = \dfrac{b_i^{(m)} - k_i b_{i-1}^{(i-m)}}{1 - k_i^2} \end{cases} \qquad (4-4-14)$$

在式（4-4-13）和式（4-4-14）中，$m=0$，1，2，…，$(i-1)$；$i=$ 1，2，…，M。

实际工作中，一般先给出 $H(z)=B(z)=B_M(z)$，利用式（4-4-12）和式（4-4-14），由 $b_i^{(i)}$ 推出 k_i，$i=M$，$M-1$，…，2，1，从而可画出 $H(z)$ 格型结构。

例 4-4-1　FIR 滤波器由如下差分方程给定：

$$y(n) = x(n) + \frac{13}{24}x(n-1) + \frac{5}{8}x(n-2) + \frac{1}{3}x(n-3)$$

求其格型结构系数，并画出格型结构图。

解　对差分方程两边进行 z 变换并求系统函数得

$$H(z) = B_3(z) = 1 + \sum_{i=1}^{3} b_3^{(i)} = 1 + \frac{13}{24}z^{-1} + \frac{5}{8}z^{-2} + \frac{1}{3}z^{-3}$$

即
$$b_3^{(1)} = \frac{13}{24}, \quad b_3^{(2)} = \frac{5}{8}, \quad b_3^{(3)} = \frac{1}{3}$$

$$k_3 = b_3^{(3)} = \frac{1}{3}$$

$$b_2^{(1)} = \frac{b_3^{(1)} - k_3 b_3^{(2)}}{1 - k_3^2} = \frac{\dfrac{13}{24} - \dfrac{5}{24}}{\dfrac{8}{9}} = \frac{3}{8}$$

$$b_2^{(2)} = \frac{b_3^{(2)} - k_3 b_3^{(1)}}{1 - k_3^2} = \frac{1}{2}, \quad k_2 = b_2^{(2)} = \frac{1}{2}$$

$$b_1^{(1)} = \frac{b_2^{(1)} - k_2 b_2^{(1)}}{1 - k_2^2} = \frac{1}{4}, \quad k_1 = b_1^{(1)} = \frac{1}{4}$$

系统的格型结构流图如图 4-4-3 所示。

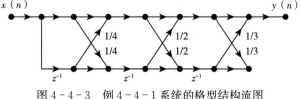

图 4-4-3　例 4-4-1 系统的格型结构流图

用 MATLAB 提供的函数 tf2latc 来实现格型滤波器的设计。函数格式为 K=tf2latc（b），其中 b 为 FIR 滤波器的系数，K 为格型滤波器的系数。

B= [1, 13/24, 5/8, 1/3]；　　%FIR 滤波器系统函数系数

K=tf2latc（b）   ％格型结构系数

运行结果如下：

K=

0.250 0i

0.500 0

0.333 3

所获得的系数 K 就是式（4-4-14）中从左到右的系数。

4.4.2　全极点（IIR）格型滤波器

IIR 滤波器的格型结构受限于全极点系统函数，可以根据 FIR 格型结构开发。设一个全极点系统函数写成如下形式：

$$H(z) = \frac{1}{1 + \sum_{k=1}^{N} a_N^{(k)} z^{-k}} = \frac{1}{A(z)} \qquad (4-4-15)$$

与式（4-4-12）比较可知，$H(z) = \frac{1}{A_N(z)}$ 是 FIR 系统 $H(z) = B_M(z)$

的逆系统。所以这里按照系统求逆准则得到 $H(z) = \frac{1}{A_N(z)}$ 的格型结构如图 4-4-14 所示，具体步骤如下：

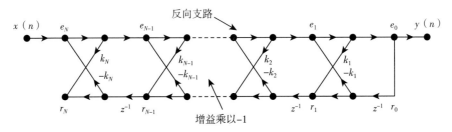

图 4-4-4　全极点格型滤波器网络结构

（1）将输入至输出的无延时通路反向。

（2）将指向这条新通路各节点的其他支路增益乘以-1。

（3）将输入和输出交换位置。

（4）依据输入在左、输出在右的原则，将整个流图左右反褶。

例 4-4-2　FIR 滤波器由如下差分方程给定：

$$H(z) = \frac{1}{1 + \frac{13}{24}z^{-1} + \frac{5}{8}z^{-2} + \frac{1}{3}z^{-3}}$$

求其格型结构系数，并画出格型结构图。

解　$A_N(z) = B_M(z) = 1 + \dfrac{13}{24}z^{-1} + \dfrac{5}{8}z^{-2} + \dfrac{1}{3}z^{-3} = 1 + \sum_{i=1}^{M} b_3^{(i)} z^{-i}$

所以 $b_3^{(1)} = \dfrac{13}{24}$，$b_3^{(2)} = \dfrac{5}{8}$，$b_3^{(3)} = \dfrac{1}{3}$。同例 4 - 4 - 1 的求解过程，得 FIR 格型结构网络系数为

$$k_1 = \frac{1}{4}, k_2 = \frac{1}{2}, k_3 = \frac{1}{3}$$

则系统的格型结构流图如图 4 - 4 - 5 所示。

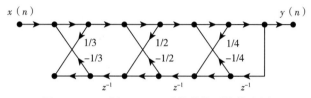

图 4 - 4 - 5　例 4 - 4 - 2 系统的格型结构流图

采用 MATLAB 自带函数 tf21atc 实现。

a = [1, 1 3/2 4, 5/8, 1/3];　　　%IIR 滤波器系统函数的分母系数
b = [1, 0, 0, 0];　　　　　　　　%IIR 滤波器系统函数的分子系数
K = tf2latc (b, a)　　　　　　　%格型结构系数

运行结果如下：

K =
　0.250 0
　0.500 0
　0.333 3

4.4.3　零、极点（IIR）格型滤波器

一般地，IIR 滤波器既包含零点，又包含极点，因此可用全极点格型作为基本构造模块，用所谓的格型梯形结构实现。设 IIR 系统的系统函数可以写成：

$$H(z) = \frac{B(z)}{A(z)} = \frac{1 + \sum_{m=1}^{M} b_M^{(m)} z^{-m}}{1 + \sum_{k=1}^{N} a_N^{(k)} z^{-k}}, N \geqslant M \quad (4 - 4 - 16)$$

为构造函数式（4 - 4 - 16）的格型结构，先根据其分母构造系数为 k_m 实现全极点格型网络如图 4 - 4 - 4 所示。然后再增加一个梯形部分，将 r_n 的线性组合作为输出 $y(n)$，图 4 - 4 - 6 为 $N = M$ 时的零、极点格型滤波器结构。

图 4 - 4 - 6 所示的是具有零、极点的 IIR 系统，其输出为

$$y(n) = \sum_{i=0}^{M} c_i r_i(n) \qquad (4-4-17)$$

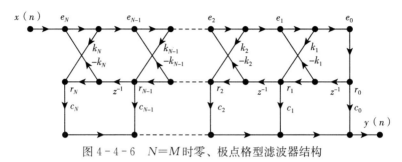

图 4 - 4 - 6　$N=M$ 时零、极点格型滤波器结构

式中，c_i 确定系统函数的分子，也称梯形系数。

$$B_M(z) = \sum_{i=0}^{M} c_i J_M(z) \qquad (4-4-18)$$

式中，$J_M(z)$ 是式（4-4-6）中的多项式。由式（4-4-17）可以递推得到

$$B_M(z) = B_{M-1}(z) + c_i J_M(z), i = 1,2,\cdots,M \qquad (4-4-19)$$

或相应的由 $A_M(z)$ 和 $B_M(z)$ 的定义可以得到

$$c_i = b_M^{(i)} - \sum_{m=i+1}^{M} c_m a_m^{(m-i)}, i = M,M-1,\cdots,1,0 \qquad (4-4-20)$$

例 4 - 4 - 3　求 IIR 滤波器的系统函数为 $H(z) = \dfrac{1+2z^{-1}+2z^{-2}+z^{-3}}{1+\dfrac{13}{24}z^{-1}+\dfrac{5}{8}z^{-2}+\dfrac{1}{3}z^{-3}}$ 的格型结构。

解　这个例子中的极点部分与全极点型的例 4-4-2 一样，按上面的计算，这里的 k_1，k_2，$\cdots$，k_M 可按全极点型的办法求出，实际上就是按例 4-4-1 的求全零点型的方法求解，把那里的 $b_M^{(m)}$ 换成 $a_M^{(m)}$ 即可。例 4-4-1 求出的 k_1，k_2，k_3 及 $a_2^{(1)}$，$a_2^{(2)}$，$a_1^{(1)}$（在那里是 $b_2^{(1)}$，$b_2^{(2)}$，$b_1^{(1)}$）为 $k_1 = \dfrac{1}{4}$，$k_2 = \dfrac{1}{2}$，$k_3 = \dfrac{1}{3}$；$a_2^{(1)} = \dfrac{3}{8}$，$a_2^{(2)} = \dfrac{1}{2}$，$a_1^{(1)} = \dfrac{1}{4}$（图 4-4-7）。由题中 $H(z)$ 可得：$a_3^{(1)} = \dfrac{13}{24}$，$a_3^{(2)} = \dfrac{5}{8}$，$a_3^{(3)} = \dfrac{1}{3}$；$b_3^{(0)} = 1$，$b_3^{(1)} = 2$，$b_3^{(2)} = 2$，$b_3^{(3)} = 1$。

由式（4-4-20）可求得各 c_i 为

$$c_3 = b_3^{(3)} = 1$$

$$c_2 = b_3^{(2)} - c_3 c_3 = 2 - \frac{13}{24} = 1.458\ 3$$

$$c_1 = b_3^{(1)} - c_2 a_2^{(1)} - c_3 a_3^{(2)} = 2 - 1.458\ 3 \times \frac{3}{8} - 1 \times \frac{5}{8} = 0.828\ 1$$

$$c_0 = b_3^{(0)} - c_1 a_1^{(1)} - c_2 a_2^{(2)} - c_3 a_3^{(3)}$$

$$= 1 - 0.828\ 1 \times \frac{1}{4} - 1.458\ 3 \times \frac{1}{2} - 1 \times \frac{1}{3} = 0.269\ 5$$

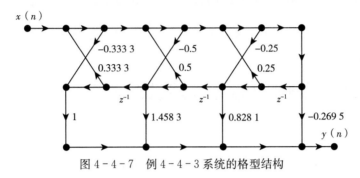

图 4-4-7　例 4-4-3 系统的格型结构

　　采用 MATLAB 自带函数 tf2latc 实现，与前面不同之处为所求的系统既有零点又有极点，所得的系数除了 K，还有梯形部分的系数 C，函数格式为 [K，C] =tf2latc (b，a)。

a= [1，13/24，5/8，1/3]；　　　％IIR 滤波器系统函数的分母系数
b= [1，2，2，1]；　　　　　　％IIR 滤波器系统函数的分子系数
[K，C] =tf2latc (b，a)　　　　％格型结构系数运行结果如下：
K=
　0.250 0
　0.500 0
　0.333 3
C=
　-0.269 5
　0.828 1
　1.458 3
　1.000 0

第 5 章
无限长冲激响应数字滤波器设计

滤波器在实际信号处理中起到了非常重要的作用。任何检测的信号都含有噪声，而滤波是去除噪声的基本手段。本章介绍 IIR 滤波器和 FIR 滤波器的设计。IIR 滤波器的设计主要内容包括：巴特沃斯、切比雪夫模拟低通滤波器的设计；冲激响应不变法和双线性变换法的数字化变换方法；数字高通、带通和带阻滤波器的设计；FIR 滤波器是直接采用的数字式设计方法。针对 FIR 滤波器的特征，首先介绍了其线性相位的实现条件，然后介绍了窗函数法和频率抽样法的设计方法。

5.1 数字滤波器

数字滤波器是通过一定的运算关系改变输入信号所含频率成分的相对比例或滤除某些频率成分的器件或运算模块。这里主要讨论经典滤波器的设计。按功能能划分经典滤波器又可分为低通、高通、带通、带阻四种滤波器，其幅频特性如图 5 - 1 - 1 所示。

经典滤波器设计从实现方法上分为 IIR 滤波器和 FIR 滤波器。IIR 滤波器（infinite impulse response filter），即无限冲激响应滤波器；FIR 滤波器（finite impulse response fliter），即有限冲激响应滤波器。它是一个线性时不变离散时间系统，如果滤波器用单位脉冲响应序列 $h(n)$ 表示，其输入 $x(n)$ 与输出 $y(n)$ 之间的关系可以表示为

$$y(n) = x(n)h(n)$$

$h(n)$ 的 z 变换称为系统函数。IIR 滤波器和 FIR 滤波器的系统函数分别是

$$H(z) = \frac{\sum_{k=0}^{N} b_k z^{-1}}{1 + \sum_{k=1}^{N} a_k z^{-1}}$$

$$H(z) = \sum_{n=0}^{N-1} h(n) z^{-n}$$

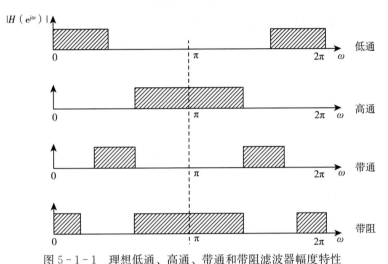

图 5-1-1　理想低通、高通、带通和带阻滤波器幅度特性

　　这两种类型的滤波器的设计方法不同，性能、特点也不同。随后将针对 IIR 滤波器的设计方法和 FIR 滤波器的设计方法展开讨论。

　　图 5-1-1 是理想滤波器的频率特性，是无法实现的非因果系统。实际设计中以低通滤波器为例，如图 5-1-2 所示，频率响应有通带、过渡带及阻带三个范围。在工程上，总是采用某种逼近技术来实现滤波器的设计。有时当幅频特性的逼近得到改善时相频特性却变坏了；或是改善了相频特性，而其幅频特性又差了，滤波器的性能要求以频率响应的幅度特性的允许误差来表示。

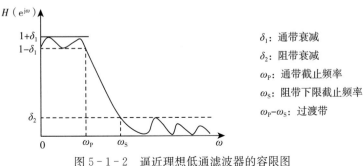

图 5-1-2　逼近理想低通滤波器的容限图

在通频带内，要求在 $\pm\delta_1$ 的误差内，系统幅频响应逼近于 1，即

$$1-\delta_1 \leqslant |H(\mathrm{e}^{\mathrm{j}\omega})| \leqslant 1+\delta_1, |\omega| \leqslant \omega_c$$

在阻带内，要求系统幅频响应逼近于零，误差不大于 δ_2，即

$$|H(\mathrm{e}^{\mathrm{j}\omega})| \leqslant \delta_2, \omega_s \leqslant |\omega| \leqslant \pi$$

为了逼近理想低通滤波器的特性，还必须有一个非零宽度的过渡带，在这个过渡带内的频率响应平滑地从通带下降到阻带。为应用方便，具体技术指标中往往使用通带允许的最大衰减 α_p 和阻带应满足的最小衰减 α_s。

$$\alpha_\mathrm{p} = 20\lg \frac{|H(\mathrm{e}^{\mathrm{j}0})|}{|H(\mathrm{e}^{\mathrm{j}\omega_p})|} \mathrm{dB} \qquad (5-1-1)$$

$$\alpha_s = 20\lg \frac{|H(\mathrm{e}^{\mathrm{j}0})|}{|H(\mathrm{e}^{\mathrm{j}\omega_s})|} \mathrm{dB} \qquad (5-1-2)$$

将 $H(\mathrm{e}^{\mathrm{j}0})$ 归一化为 1，式（5-1-1）和式（5-1-2）表示为 $\alpha_\mathrm{p} = -20\lg|H(\mathrm{e}^{\mathrm{j}\omega_p})|\mathrm{dB}$ 和 $\alpha_s = -20\lg|H(\mathrm{e}^{\mathrm{j}\omega_s})|\mathrm{dB}$。例如，当幅度下降到 $\sqrt{2}/2$，$\omega = \omega_s$，此时 $\alpha_\mathrm{p} = 3\mathrm{dB}$，称 ω_s 为 3dB 通带截止频率。

5.2　模拟低通滤波器的设计

5.2.1　幅度平方函数

为逼近图 5-2-1 所示的理想低通滤波器，其模拟理想低通滤波器的幅度响应特性可用幅度平方函数表示，即

$$H^2(\Omega) = |H_a(\mathrm{j}\Omega)|^2 = H_a(s)H_a(-s)|_{s=\mathrm{j}\Omega} \qquad (5-2-1)$$

式中，$H_a(s)$ 为所设计的模拟滤波器的系统函数，它是 s 的有理函数；$H_a(\mathrm{j}\Omega)$ 是其稳态响应，即滤波器频率特性 $|H_a(\mathrm{j}\Omega)|$ 为滤波器的稳态振幅特性。

由已知的 $H^2(\Omega)$ 获得 $H_a(\mathrm{j}\Omega)$，必须对式（5-2-1）在 s 平面上加以分析。设 $H_a(s)$ 有一临界频率（极点或零点）位于 $s=s_0$，则 $H_a(-s)$ 必有相应的临界频率 $s=-s_0$。当 $H_a(s)$ 的临界频率落在 $-a\pm\mathrm{j}b$ 位置时，则 $H_a(-s)$ 的临界频率必落在 $-a\mp\mathrm{j}b$ 的位置。纯虚数的临界频率必然是二阶的。在 s 平面上，上述临界频率的特性呈象限对称，如图 5-2-2 所示。图中在 $\mathrm{j}\Omega$ 轴上零点处所标的数表示零点的阶次是二阶。

为了保证所设计的滤波器是稳定的，其极点必须落在 s 平面的左半平面，所以落在 s 平面左半平面的极点属于 $H_a(s)$，落在右半平面的极点属于 $H_a(-s)$。

综上所述，由幅度平方函数 $H^2(\Omega)$ 确定 $H_a(s)$ 的方法是：

① 在 $H^2(\Omega)$ 中令 $s=\mathrm{j}\Omega$（$\Omega=-\mathrm{j}s$），得到 $H^2(-\mathrm{j}s)$。

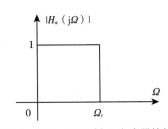

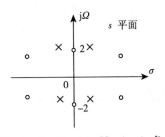

图 5-2-1　理想低通滤波器特性　　图 5-2-2　$H_a(s)$ $H_a(-s)$ 象
限对称零、极点分布

②将 $H^2(-js)$ 的有理式进行分解，得到零点、极点。如果系统函数是
最小相位函数，则 s 平面左半平面的零点、极点都属于 $H_a(s)$，而任何在虚轴
上的极点和零点都是偶次的，其中一半属于 $H_a(s)$。

③根据具体情况，比较 $H^2(\Omega)$ 与 $H_a(s)$ 的幅度特性，确定出增益常
数。这样，$H_a(s)$ 就完全确定了。

5.2.2　巴特沃斯低通滤波器设计

巴特沃斯低通滤波器的幅度平方函数为

$$|H_a(j\Omega)|^2 = H_a(s)H_a(-s)|_{s=j\Omega} = \frac{1}{1+(j\Omega/j\Omega_c)^{2N}}$$

$$(5-2-2)$$

式中，N 为正整数，称为滤波器的阶数。N 值越大，通带和阻带的近似
就越好，过渡带的特性越陡，因为函数表达式中分母带有高阶项，在通带内
$\Omega/\Omega_c<1$，则 $(\Omega/\Omega_c)^{2N}$ 趋于零，使式（5-
2-2）接近于1；在过滤带和阻带内 $\Omega/\Omega_c>$
1，则 $(\Omega/\Omega_c)^{2N}\gg1$，从而使函数骤然
下降。在截止频率 Ω_c 处，幅度平方响应
为 $\Omega=0$ 处的 $1/2$，相当于幅度响应 $1/\sqrt{2}$
或 3dB 衰减点。其幅度平方函数特性如图
5-2-3所示。

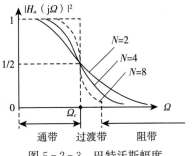

图 5-2-3　巴特沃斯幅度
平方函数特性

这种函数具有以下特点：通带内具有
最大平坦幅度特性，在正频率范围内随频
率升高而单调下降；阶次越高，特性越接
近矩形；没有零点。

由于 $H_a(s)H_a(-s) = \dfrac{1}{1+\left(\dfrac{s}{j\Omega_c}\right)^{2N}}$

$$(5-2-3)$$

由 $1+（s+\mathrm{j}\Omega_c)^{2N}=0$，可得极点为

$$s_p = (-1)^{\frac{1}{2N}}(\mathrm{j}\Omega_c) = \Omega_c \mathrm{e}^{\mathrm{j}\pi(\frac{1}{2}+\frac{2p-1}{2N})} \qquad (5-2-4)$$

因此，巴特沃斯幅度平方函数在 s 平面上的 $2N$ 个极点等间隔地分布在半径为 Ω_c 的圆周上，这些极点的位置关于虚轴对称，并且没有极点落在虚轴上。

模拟滤波器的系统函数为

$$H_a(s) = \dfrac{A_0}{\displaystyle\prod_{k=1}^{N}(s-s_k)}$$

式中，A_0 为归一化常数，一般 $A_0=\Omega_c^N$；s_k 为 s 平面左半平面的极点。

5.2.3　切比雪夫低通滤波器设计

在通带中是等波纹的，在阻带中是单调的，称为切比雪夫Ⅰ型；在通带内是单调的，在阻带内是等波纹的，称为切比雪夫Ⅱ型。图 5-2-4 分别画出了 N 为奇数与偶数时的切比雪夫滤波器的幅度平方函数特性。

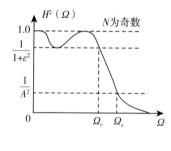
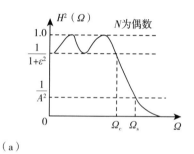

（a）

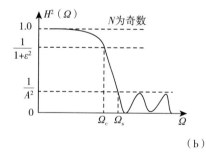
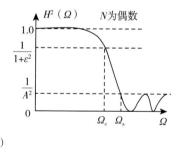

（b）

图 5-2-4　切比雪夫滤波器幅度平方函数特性

（a）Ⅰ型；（b）Ⅱ型

切比雪夫Ⅰ型滤波器的幅度平方函数为

$$H^2(\Omega) = |H_a(\mathrm{j}\Omega)|^2 = \dfrac{1}{1+\varepsilon^2 T_N^2(\frac{\Omega}{\Omega_c})} \qquad (5-2-5)$$

式中，ε 为小于 1 的正数，表示通带波动的程度，ε 值越大波动也越大；N 为正整数，表示滤波器的阶次；$\dfrac{\Omega}{\Omega_c}$ 可以看作以截止频率作为基准频率的归一化频率；$T_N(x)$ 为切比雪夫多项式：

$$T_N(x) = \begin{cases} \cos(N\arccos x) & |x| \leqslant 1 \\ \cosh(N\operatorname{arc}\cosh x) & |x| > 1 \end{cases} \quad (5-2-6)$$

式（5-2-6）可展开成切比雪夫多项式，见表 5-2-1。

式（5-2-6）也可按下式计算。

$$T_{N+1}(x) = 2xT_N(x) - T_{N-1}(x)$$

图 5-2-5 画出了 $N=0$，1，2，3，4，5 时 $T_N(x)$ 的图形。

表 5-2-1 切比雪夫多项式

N	$T_N(x)$
0	1
1	x
2	$2x^2-1$
3	$4x^3-3x$
4	$8x^4-8x^2+1$
5	$16x^5-20x^3+5x$
6	$32x^6-48x^4+18x^2-1$

由图 5-2-5 可知，切比雪夫多项式的零点在 $|x|\leqslant 1$ 区间内，且当 $|x|\leqslant 1$ 时，$|T_N(x)|\leqslant 1$，因此，多项式 $T_N(x)$ 在 $|x|\leqslant 1$ 内具有等波纹幅度特性。在 $|x|>1$ 区间内，$T_N(x)$ 为双曲余弦函数，随 x 而单调增加。所以，在 $|x|\leqslant 1$ 区间内，$1+\varepsilon^2 T_N^2(x)$ 的值的波动范围为 $1\sim 1+\varepsilon^2$。

在 $|x|\leqslant 1$，即 $|\Omega/\Omega_c|\leqslant 1$ 时，也就是在 $0\leqslant\Omega\leqslant\Omega_c$ 范围内（通带），$|H_a(j\Omega)|^2$ 在 1 的附近等波纹起伏，最大值

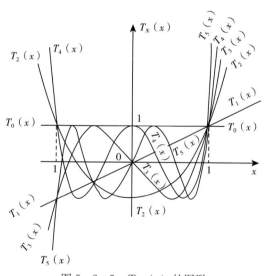

图 5-2-5 $T_N(x)$ 的图形

为 1，最小值为 $\dfrac{1}{1+\varepsilon^2}$；$|x|>1$，也就是 $\Omega>\Omega_c$ 时，随着 Ω/Ω_c 的增大，$|H_a(\mathrm{j}\Omega)|^2$ 迅速单调地趋近于零。由图 5-2-4（a）可知，N 为偶数时，$|H_a(\mathrm{j}\Omega)|^2$ 在 $\Omega=0$ 处取最小值 $\dfrac{1}{1+\varepsilon^2}$；$N$ 为奇数时，$|H_a(\mathrm{j}\Omega)|^2$ 在 $\Omega=0$ 处取最大值 1。

由式（5-2-5）的幅度平方函数看出，切比雪夫滤波器有三个参数：ε、Ω_c 和 N。

Ω_c 是通带宽度，一般是预先给定的。

ε 是与通带波纹 δ 有关的一个参数，通带波纹可表示为

$$\delta = 10\lg \frac{|H_a(\mathrm{j}\Omega)|^2_{\max}}{|H_a(\mathrm{j}\Omega)|^2_{\min}} = 20\lg \frac{|H_a(\mathrm{j}\Omega)|_{\max}}{|H_a(\mathrm{j}\Omega)|_{\min}}(\mathrm{dB})$$

式中，$|H_a(\mathrm{j}\Omega)|=1$，表示通带幅度响应的最大值。

$$|H_a(\mathrm{j}\Omega)|_{\min} = \frac{1}{\sqrt{1+\varepsilon^2}}$$

表示通带幅度响应的最小值，故

$$\delta = 10\lg(1+\varepsilon^2)$$

因而　　　　　　　　　　　　$\varepsilon^2 = 10^{\frac{\delta}{10}}-1 。$

可以看出，给定通带波纹值 δ（dB）后，就能求得 ε^2。这里应注意，通带衰减值不一定是 3dB，也可以是其他值，如 0.1dB 等。

滤波器阶数 N 等于通带内最大值和最小值的总数。前面已提到，N 为奇数时，$\Omega=0$ 处为最大值；N 为偶数时，$N=0$ 处为最小值（见图 5-2-4）。N 的数值可由阻带衰减来确定。设阻带起始点频率为 Ω_s，此时阻带幅度平方函数值满足

$$H(\Omega_s) = |H_a(\mathrm{j}\Omega_s)|^2 \leqslant \frac{1}{A^2}$$

式中，A 是常数。

$$H^2(\Omega_s) = \frac{1}{1+\varepsilon^2 T_N^2\left(\dfrac{\Omega_s}{\Omega_c}\right)} \leqslant \frac{1}{A^2} \qquad (5-2-7)$$

由于 $\dfrac{\Omega_s}{\Omega_c}>1$，所以由式（5-2-6）中第二项得

$$T_N\left(\frac{\Omega_s}{\Omega_c}\right) = \cosh\left[N \,\mathrm{arccos}h(\frac{\Omega_s}{\Omega_c})\right]$$

再将式（5-2-7）代入上式，可得

$$T_N\left(\frac{\Omega_s}{\Omega_c}\right) = \cosh\left[N \,\mathrm{arccos}h\left(\frac{\Omega_s}{\Omega_c}\right)\right] \geqslant \frac{1}{\varepsilon}\sqrt{A^2-1}$$

由此解得

$$N = \frac{\operatorname{arccosh}(\frac{1}{\varepsilon}\sqrt{A^2-1})}{\operatorname{arccosh}(\frac{\Omega_s}{\Omega_c})}$$

如果要求阻带边界频率上衰减越大（即 A 越大），也就是过渡带内幅度特性越陡，则所需的阶数 N 越高。

或者对 Ω_s 求解，可得

$$\Omega_s = \Omega_c \cosh\left[\frac{1}{N}\operatorname{arccosh}(\frac{1}{\varepsilon}\sqrt{A^2-1})\right]$$

式中，Ω_c 为切比雪夫滤波器的通带宽度，但不是 3dB 带宽。

可以求出 3dB 带宽为（$A=\sqrt{2}$）

$$\Omega_{3\text{dB}} = \Omega_c \cosh\left[\frac{1}{N}\operatorname{arccosh}(\frac{1}{\varepsilon})\right]$$

N，Ω_c 和 ε 给定后，就可求得滤波器的 $H_a(s)$，这可查阅有关模拟滤波器的设计手册。

可以证明，切比雪夫 I 型滤波器幅度平方函数的极点〔由 $1+\varepsilon^2 T_N^2(\frac{s}{\mathrm{j}\Omega_c})=0$ 决定〕为

$$s_k = \sigma_k + \mathrm{j}\Omega_k$$

式中，$\sigma_k = -\Omega_c a \sin\left[\frac{\pi}{2N}(2k-1)\right]$，$1 \leqslant k \leqslant 2N$　　　　(5 - 2 - 8a)

$$\Omega_k = \Omega_c b \cos\left[\frac{\pi}{2N}(2k-1)\right], 1 \leqslant k \leqslant 2N \quad (5-2-8\text{b})$$

其中

$$a = \sinh\left[\frac{1}{N}\operatorname{arcsinh}(\frac{1}{\varepsilon})\right]$$

$$b = \cosh\left[\frac{1}{N}\operatorname{arcsinh}(\frac{1}{\varepsilon})\right]$$

因此，式（5 - 2 - 8a）、式（5 - 2 - 8b）两式平方之和为

$$\frac{\sigma_k^2}{(\Omega_c a)^2} + \frac{\Omega_k^2}{(\Omega_c b)^2} = 1$$

这是一个椭圆方程。由于双曲余弦总大于双曲正弦，故模拟切比雪夫滤波器的极点位于 s 平面中长轴为 $\Omega_c b$（在虚轴上）、短轴为 $\Omega_c a$（在实轴上）的椭圆上。图 5 - 2 - 6 所示为 $N=4$ 时的模拟切比雪夫 I 型滤波器的极点位置。

经过简单推导，可以得到确定 a，b 的公式如下

$$a = \frac{1}{2}(\alpha^{\frac{1}{N}} - \alpha^{-\frac{1}{N}}), b = \frac{1}{2}(\alpha^{\frac{1}{N}} + \alpha^{-\frac{1}{N}})$$

式中
$$\alpha = \frac{1}{\varepsilon} + \sqrt{\frac{1}{\varepsilon^2} + 1}$$

求出幅度平方函数的极点后，$H_a(s)$ 的极点就是 s 平面左半平面的极点 s_i，从而得到切比雪夫滤波器的系统函数为

$$H_a(s) = \frac{K}{\prod\limits_{i=1}^{N}(s - s_j)}$$

式中，常数 K 可由 $H^2(s)$ 和 $H_a(s)$ 的低频或高频特性对比求得。

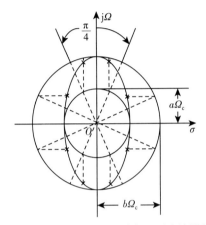

图 5-2-6　$N=4$ 时的模拟切比雪夫 I 型滤波器的极点位置

图 5-2-6 中也画出了确定切比雪夫 I 型滤波器极点在椭圆上位置的办法：求出大圆（半径为 $b\Omega_c$）和小圆（半径为 $a\Omega_c$）上按等间隔角 π/N 均分的各个点，这些点是虚轴对称的，且一定都不落在虚轴上。N 为奇数时，有落在实轴上的极点，N 为偶数时，实轴上则没有极点。幅度平方函数的极点（在椭圆上）位置是这样确定的：其垂直坐标由落在大圆上的各等间隔点规定，其水平坐标由落在小圆上的各等间隔点规定。

5.2.4　椭圆滤波器

椭圆滤波器是由雅可比椭圆函数来决定的，它的幅度平方函数可表示为

$$H^2(\Omega) = |H_a(\mathrm{j}\Omega)|^2 = \frac{1}{1 + \varepsilon^2 J_N^2\left(\dfrac{\Omega}{\Omega_c}\right)}$$

式中，$J_N(x)$ 为 N 阶雅可比椭圆函数。

对椭圆滤波器幅度平方函数和零、极点分布等的分析是相当复杂的，本章不做详细讨论，这里仅画出椭圆滤波器幅度平方函数 $H^2(\Omega)$ 的曲线，如图 5-2-7所示。

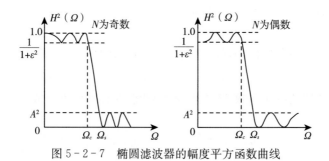

图 5-2-7 椭圆滤波器的幅度平方函数曲线

与巴特沃斯和切比雪夫滤波器相比，对椭圆滤波器的设计，这里仅指出：Ω_c、Ω_s、ε 和 A 已知时，其阶次可由下式决定

$$N = \frac{K(k)K(\sqrt{1-k_1^2})}{K(k_1)K(\sqrt{1-k^2})}$$

式中

$$k = \frac{\Omega_c}{\Omega_s}, k_1 = \frac{\varepsilon}{\sqrt{A^2-1}}$$

并且 $K(x)$ 为第一类椭圆积分

$$K(x) = \int_0^{\frac{\pi}{2}} \frac{\mathrm{d}\theta}{\sqrt{1-x^2\sin^2\theta}}$$

5.3 通过模拟滤波器设计 IIR 数字滤波器

前面介绍了模拟滤波器的设计方法，模拟滤波器设计技术非常成熟，许多常用的模拟滤波器都有现成的设计公式，只要将设计指标代入设计公式，就可以很容易地计算出滤波器系统函数，实现起来非常简单，而且在很多场合下，用离散时间系统模拟一个连续时间系统是有意义的。

通过模拟滤波器设计 IIR 数字滤波器主要包括两步：第一步要将数字滤波器的性能指标转换成模拟滤波器性能指标，然后设计一个满足性能指标要求的模拟滤波器 $H_a(s)$；第二步采用映射变换的方法将模拟滤波器 $H_a(s)$ 转换为所需要的数字滤波器 $H(z)$。

映射变换的基本要求有：因果性不变；稳定性不变（即 s 左半平面映射到 z 平面单位圆内）；频率响应形状不变，保留模拟频率响应的基本特性（即 s 平面虚轴映射到 z 平面单位圆上）。

5.3.1 冲激响应不变法

冲激响应不变法就是使数字滤波器的单位冲激响应 $h(n)$ 等于模拟滤波

器的单位冲激响应 h_a (t) 的采样值，即

$$h(n) = h_a(t)\big|_{t=nT}$$

如果已知模拟滤波器的系统函数为 H_a (s)，其单位冲激响应为

$$h_a(t) = L^{-1}[H_a(s)]$$

数字滤波器的系统函数 H (z) 和模拟滤波器的系统函数 H_a (s) 之间的关系为

$$H(z) = Z[h(n)] = Z[h_a(t)\big|_{t=nT}] = Z\{L^{-1}[H_a(s)]\big|_{t=nT}\}$$

5.3.1.1　映射过程

下面分析冲激响应不变法的映射过程。

假如已设计出满足性能指标的模拟滤波器 H_a (s)，其单位冲激响应为 h_a (t)，记 $\hat{h}_a$ (t) 为 h_a (t) 的采样，即

$$\hat{h}_a(t) = h_a(t) \sum_{n=-\infty}^{\infty} \delta(t-nT)$$

根据拉普拉斯变换（定义、性质），可得

$$\hat{H}_a(s) = \frac{1}{T} \sum_{n=-\infty}^{\infty} H_a(s + \mathrm{j}\frac{2\pi}{T}n) \qquad (5-3-1)$$

因为

$$\hat{H}_a(s) = \int_{-\infty}^{\infty} \hat{h}_a(t)\mathrm{e}^{-st}\,\mathrm{d}t = \int_{-\infty}^{\infty} h_a(t) \sum_{n=-\infty}^{\infty} \delta(t-nT)\mathrm{e}^{-st}\,\mathrm{d}t$$

$$= \sum_{n=-\infty}^{\infty} \int_{-\infty}^{\infty} h_a(t)\delta(t-nT)\mathrm{e}^{-st}\,\mathrm{d}t = \sum_{n=-\infty}^{\infty} h_a(nT)\mathrm{e}^{-nst} = \sum_{n=-\infty}^{\infty} h(n)\mathrm{e}^{-nst}$$

且

$$H(z) = \sum_{n=-\infty}^{\infty} h(n)z^{-n} \qquad (5-3-2)$$

比较式 （5-3-1） 和式 （5-3-2），可得

$$\hat{H}_a(s) = H(z)\big|_{z=\mathrm{e}^{sT}}$$

即 s 平面与 z 平面之间的映射变换为 $z = \mathrm{e}^{sT}$，$z = r\mathrm{e}^{\mathrm{j}\omega}$，$s = \sigma + \mathrm{j}\Omega$，则有

$$z = r\mathrm{e}^{\mathrm{j}\omega} = \mathrm{e}^{sT} = \mathrm{e}^{(\sigma+\mathrm{j}\Omega)}, r = \mathrm{e}^{\sigma T}, \omega = \Omega T, |z| = \mathrm{e}^{\sigma T}$$

因此，当 $\sigma < 0$ 时，左半面上的点映射到 z 平面时，必有 $|z| < 1$，所以这些点一定映射到 z 平面的单位圆内。当 $\sigma = 0$，相当于 $s = \mathrm{j}\Omega$（s 平面上的虚轴），将对应于 z 平面的单位圆，且 $\mathrm{j}\Omega$ 轴上每一段长为 $\frac{2\pi}{T}$ 的线段都反复地映射为单位圆的一周。当 $\sigma > 0$ 时，s 右半面上的点映射到 z 平面时，必有 $|z| > 1$，所以这些点一定映射到 z 平面的单位圆外，如图 5-3-1 所示。

当模拟滤波器系统函数 H_a (s)，经 $z = \mathrm{e}^{sT}$ 关系映射成数字滤波器系统函

数 H（z）时，s 平面中的每一条 $\dfrac{2\pi}{T}$ 的水平带状区域，都重叠地映射到同一个 z 平面上，即 s 平面中的每一个带状区域的左半部分映射到 z 平面的单位圆内，右半部分都映射到单位圆外，虚轴上每一段长为 $\dfrac{2\pi}{T}$ 的线段都映射为单位圆一周。因为能保证将 s 平面的左半平面映射到 z 平面的单位圆内，所以可以保证系统的稳定性和因果性。又因为可以将 s 平面的虚轴映射为 z 平面的单位圆，所以可以保持频率响应的形状不变。

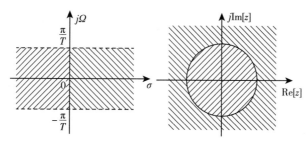

图 5-3-1　拉氏变换的 s 平面与 z 平面的映射关系

5.3.1.2　频率响应关系

由于 $z=\mathrm{e}^{sT}$ 所确定的映射关系是多对一的映射，因此冲激响应不变法所得到的数字滤波器的频率响应，不是简单地重现模拟滤波器的频率响应。下面讨论模拟滤波器 h_a（t）的频率响应和数字滤波器 h（n）的频率响应之间的关系，即考察 h_a（t）的傅里叶变换 H_a（$j\Omega$）和 h（n）的傅里叶变换 H（$\mathrm{e}^{j\omega}$）之间的关系。

由于 h（n）$=h_a$（t）$|_{t=nT}$，则有 H（$\mathrm{e}^{j\omega}$）$=\dfrac{1}{T}\sum\limits_{r=-\infty}^{\infty}H_a\left(\mathrm{j}\dfrac{\omega}{T}+\mathrm{j}\dfrac{2\pi}{T}r\right)$，即 H（$\mathrm{e}^{j\omega}$）是 H_a（$j\Omega$）的周期延拓，延拓周期为 $\Omega_s=\dfrac{2\pi}{T}$，如图 5-3-2 所示。

根据前面章节有关信号时域采样的讨论知道：

（1）H（$\mathrm{e}^{j\omega}$）是 H_a（$j\Omega$）的周期延拓，而 H_a（$j\Omega$）是物理可实现的，必然存在混叠。

（2）当 H_a（$j\Omega$）在 $\Omega=\dfrac{\Omega_s}{2}$ 等时衰减足够大时，有 H（$\mathrm{e}^{j\omega}$）$=\dfrac{1}{T}H_a$（$\mathrm{j}\dfrac{\omega}{T}$）。

（3）由于混叠失真，所以冲激响应不变法只适用于设计低通和带通滤波器。

（4）频率之间为线性关系 $\omega=\Omega T$，故频率响应形状基本不变。

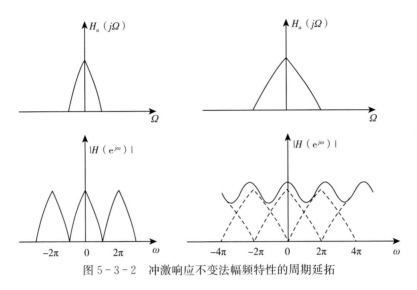

图 5-3-2 冲激响应不变法幅频特性的周期延拓

5.3.1.3 修正

利用冲激响应不变法设计 IIR 数字滤波器时，为了减小频谱的混叠失真，通常需要 H_a（jΩ）在 $\Omega=\dfrac{\Omega_s}{2}$ 处的衰减足够大，一般采取的措施是取较高的采样频率 f_s。由于 H（$e^{j\omega}$）$=\dfrac{1}{T}H_a$（j$\dfrac{\omega}{T}$），所以当 $f_s=\dfrac{1}{T}$ 很大时，导致所设计的数字滤波器的频谱增益过大，因此通常做如下修正：h（n）$=Th_a$（t）$|_{t=nT}$，则所设计的数字滤波器的频率响应为 H（$e^{j\omega}$）$\approx H_a$（j$\dfrac{\omega}{T}$），满足设计的要求。

5.3.1.4 由 H（s）求 H（z）

通过上述分析，推出从 H_a（s）求解 H（z）的过程如下：

①先求出模拟滤波器的冲激响应：h_a（t）$=L^{-1}[H_a$（s）$]$。

②对模拟滤波器的冲激响应采样：$\hat{h}_a$（t）$=h_a$（t）$\displaystyle\sum_{n=-\infty}^{\infty}\delta$（$t-nT$）。

③对采样得到的冲激响应修正，作为数字滤波器的冲激响应：h_a（t）$=T\hat{h}_a$（t）。

④求数字滤波器的系统函数。

需要说明的是：对于巴特沃斯、切比雪夫、椭圆滤波器这些常用模拟原型滤波器，N 阶模拟滤波器系统函数 H_a（s）的全部极点均为一阶极点，则有

$$H_a(s)=\sum_{i=1}^{N}\frac{A_i}{s-s_i} \qquad (5-3-2)$$

式中，A_i 为系数；s_i 为一阶极点。

模拟滤波器的冲激响应为

$$h_a(t) = L^{-1}[H_a(s)] = \sum_{i=1}^{N} A_i \mathrm{e}^{s_i t} u(t)$$

对模拟滤波器的冲激响应进行采样并修正，得到数字滤波器的冲激响应为

$$h(n) = T h_a(t)\big|_{t=nT} = \sum_{i=1}^{N} T A_i \mathrm{e}^{s_i t} u(n)$$

数字滤波器的系统函数为

$$H(z) = Z[h(n)] = \sum_{n=0}^{\infty} \sum_{i=1}^{N} T A_i \mathrm{e}^{s_i nT} z^{-n} = \sum_{i=1}^{N} \sum_{n=1}^{\infty} T A_i (\mathrm{e}^{s_i T} z^{-1})^n = \sum_{i=1}^{N} \frac{T A_i}{1 - \mathrm{e}^{s_i T} z^{-1}}$$

$$(5-3-3)$$

比较式（5-3-2）和式（5-3-3），可以看出，模拟滤波器系统函数 $H_a(s)$ 与对应数字滤波器的系统函数 $H(z)$ 之间满足关系

$$\frac{A_i}{s - s_i} \rightarrow \frac{T A_i}{1 - \mathrm{e}^{s_i T} z^{-1}}$$

即模拟滤波器 $H_a(s)$ 在 $s = s_i$ 处的极点变换成数字滤波器 $H(z)$ 在 $z = \mathrm{e}^{s_i T}$ 处的极点，并且 $H_a(s)$ 部分展开式中的各项系数与 $H(z)$ 部分展开式中的各项系数相同。

5.3.2　双线性变换法

前述冲激响应不变法，由于从 s 平面到 z 平面的变换式 $z = \mathrm{e}^{s_i T}$ 的多值对应，导致数字滤波器的频率响应出现混叠现象。为了克服多值对应，本节讨论双线性变换法，它是通过两次映射来实现的。

5.3.2.1　映射过程

第一次映射：通过下式的正切映射将 s 平面内虚轴 $\mathrm{j}\Omega$（$-\infty \leqslant \Omega \leqslant \infty$）压缩到 s_1 平面内虚轴 $\mathrm{j}\Omega_1$ 的一段（$-\frac{\pi}{T} \leqslant \Omega_1 \leqslant \frac{\pi}{T}$）。

$$\mathrm{j}\frac{T}{2}\Omega = \mathrm{j}\tan(\frac{T}{2}\Omega_1) = \mathrm{j}\frac{\frac{1}{2\mathrm{j}}(\mathrm{e}^{\mathrm{j}\frac{T}{2}\Omega_1} - \mathrm{e}^{-\mathrm{j}\frac{T}{2}\Omega_1})}{\frac{1}{2\mathrm{j}}(\mathrm{e}^{\mathrm{j}\frac{T}{2}\Omega_1} + \mathrm{e}^{-\mathrm{j}\frac{T}{2}\Omega_1})} = \frac{1 - \mathrm{e}^{\mathrm{j}T\Omega_1}}{1 + \mathrm{e}^{-\mathrm{j}T\Omega_1}}$$

将该关系扩展到整个 s 平面，即 $\mathrm{j}\Omega \rightarrow s$，$\mathrm{j}\Omega_1 \rightarrow s_1$，则有映射关系

$$s = \frac{2}{T} \frac{(1 - \mathrm{e}^{-s_1 T})}{(1 + \mathrm{e}^{-s_1 T})}$$

利用上述映射关系，则可以将整个 s 平面压缩到 s_1 平面 $-\frac{\pi}{T} \leqslant Q \leqslant \frac{\pi}{T}$ 的带状区域。

第二次映射：利用 $z = \mathrm{e}^{s_i T}$，将 s_1 平面中的带状区域映射到整个 z 平面，最终带状区左半部分映射到单位圆内，右半部分映射到单位圆外，是一对一的

映射。s 平面与 z 平面的单值映射关系为

$$s = \frac{2}{T} \frac{1 - z^{-1}}{1 + z^{-1}}$$

上式表示两个线性函数之比，也称为线性分式变换。上述映射关系式也可写为

$$z = \frac{\dfrac{2}{T} + s}{\dfrac{2}{T} - s} \qquad (5-3-4)$$

可见上式也是线性分式变换，即 s 平面和 z 平面的变换是双向的，所以称为双线性变换。

令 $z = re^{j\omega}$，$s = \sigma + j\Omega$，将其代入（5-3-4），则有

$$re^{j\omega} = \frac{\dfrac{2}{T} + \sigma + j\Omega}{\dfrac{2}{T} - \sigma - j\Omega}$$

即

$$|z| = \frac{\sqrt{(\dfrac{2}{T} + \sigma)^2 + \Omega^2}}{\sqrt{(\dfrac{2}{T} - \sigma)^2 - \Omega^2}} \qquad (5-3-5)$$

通过式（5-3-5）可见：当 $\sigma < 0$ 时，$|z| < 1$，即 s 左半平面映射到 z 平面的单位圆内；当 $\sigma > 0$ 时，$|z| > 1$，即 s 右半平面映射到 z 平面的单位圆外；当 $\sigma = 0$ 时，$|z| = 1$，即 s 平面虚轴映射到 z 平面的单位圆上。所以，若 $H_a(s)$ 因果稳定，则 $H(z)$ 也一定是因果稳定的，如图 5-3-3 所示。

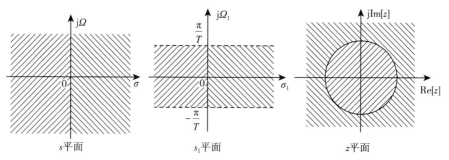

图 5-3-3　双线性变换的映射关系

5.3.2.2　频率响应之间的关系

同样，我们在得到模拟滤波器和数字滤波器系统函数之间的关系后，讨论它们的频率响应之间的关系。

令 $z=r\mathrm{e}^{\mathrm{j}\omega}$，$s=\mathrm{j}\Omega$，并代入式（5-3-4），可得

$$\mathrm{e}^{\mathrm{j}\omega} = \frac{\dfrac{2}{T}+\mathrm{j}\Omega}{\dfrac{2}{T}-\mathrm{j}\Omega}$$

即

$$\Omega = \frac{2}{T}\frac{\mathrm{j}(1-\mathrm{e}^{\mathrm{j}\omega})}{(1+\mathrm{e}^{\mathrm{j}\omega})} = \frac{2}{T}\frac{\sin\dfrac{\omega}{2}}{\cos\dfrac{\omega}{2}} = \frac{2}{T}\tan\frac{\omega}{2}$$

关系曲线如图 5-3-4 所示。

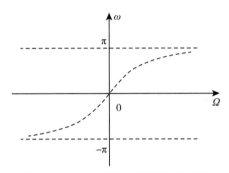

图 5-3-4　双线性变换的频率关系

从图 5-3-4 可见，模拟滤波器与数字滤波器频率之间有如下关系。

（1）ω 与 Ω 为非线性关系，但在原点（$\omega=0$）附近有一段近似线性关系，T 值越小，即采样频率 f_s 越大，线性范围越大。

（2）模拟频率 Ω（$-\infty\leqslant\Omega\leqslant\infty$）被压缩至数字频率 ω（$-\pi\leqslant\omega\leqslant\pi$），所以没有频谱的混叠。

（3）频率响应之间可以直接代换，即 $H(\mathrm{e}^{\mathrm{j}\omega})=H_a(\mathrm{j}\Omega)\big|_{\Omega=\frac{2}{T}\tan\frac{\omega}{2}}$。

5.3.2.3　由 $H_a(s)$ 求 $H(z)$

由于 s 和 z 之间存在简单的代数关系，所以在设计好模拟滤波器的系统函数 $H_a(s)$ 之后，就可直接用变量代换来得到数字滤波器的系统函数 $H(z)$，即

$$H(z) = H_a(s)\big|_{s=\frac{2(1-z^{-1})}{T(1+z^{-1})}}$$

5.3.2.4　预畸变

从上述分析过程看到，利用双线性变换方法映射时，s 平面到 z 平面的映射为单值映射，所以由 $H_a(s)$ 求 $H(z)$ 可以直接代换，且不存在频谱混叠失真现象。但由于模拟频率和数字频率之间存在非线性关系，导致频率响应形状有变化，相位特性有失真。

频率点的畸变可以通过预畸变来加以校正，即根据数字滤波器的性能指标 $\{\omega_k\}$ 对模拟滤波器的性能指标 $\{\Omega_k\}$ 进行预畸变：

$$\Omega = \frac{2}{T}\tan\frac{\omega}{2}$$

再由 $\{\Omega_k\}$ 设计 $H_a\,(s)$ 即可。

5.3.3 低通数字滤波器设计

如果给定低通数字滤波器的性能指标要求（两个临界频率 ω_s、ω_p 和两个衰减范围 k_1、k_2），则设计低通数字滤波器的方法如下。

（1）首先选择从模拟滤波器映射为数字滤波器的变换方法。

（2）根据所选择的映射变换方法确定模拟滤波器的性能指标和临界频率。

①若选择冲激响应不变法，模拟滤波器和数字滤波器之间的频率关系为

$$\Omega_k = \frac{\omega_k}{T} = \omega_k f_s$$

②若选择双线性变换法，模拟滤波器和数字滤波器之间的频率关系为

$$\Omega_k = \frac{2}{T}\tan\frac{\omega_k}{2} = 2f_s\tan\frac{\omega_k}{2}$$

（3）设计一模拟低通滤波器，即 $H_a\,(s)$。

（4）按照所选择的映射变换方法将 $H_a\,(s)$ 映射变换为 $H\,(z)$。

（5）检验频率响应 $H\,(e^{j\omega})$ 是否满足设计指标。

5.4 数字高通、带通和带阻 IIR 滤波器的设计

设计高通、带通、带阻滤波器时，通常采用对相应的低通滤波器进行"频率变换"得到。先将该滤波器的技术指标转换为低通滤波器的技术指标，按照该技术指标先设计低通滤波器，再通过频率变换将低通系统函数转换成所需类型滤波器的系统函数。这种转换方法可以在模拟域进行，也可以在数字域完成，这里只介绍模拟域频率变换方法，数字域变换方法请参阅其他资料。

假设模拟低通滤波器系统函数用 $G\,(s)$ 表示，$s=j\Omega$，归一化频率用 λ 表示，令归一化拉氏复变量 $p=j\lambda$，其归一化低通系统函数用 $G\,(p)$ 表示。

所需类型（如高通）的系统函数用 $H\,(s)$ 表示，$s=j\Omega$，归一化频率用 η 表示，令归一化拉氏复变量 $q=j\eta$，$H\,(q)$ 称为其对应的归一化系统函数。

5.4.1 模拟低通到模拟低通的频率变换

假定通带截止频率为 Ω_p 的低通滤波器为 $G\,(s)$，希望将其转换成通带截

止频率为 Ω'_p 的低通滤波器 $H(s')$。完成这种转换的频率变换记为

$$s = \frac{\Omega_p s'}{\Omega'_p}$$

于是，可得到所求低通滤波器 $H(s')$，转换关系为

$$H(s') = G(s)\big|_{s=\Omega_p s'/\Omega'_p}$$

5.4.2　模拟低通到模拟高通的频率变换

由模拟低通滤波器 $G(s)$ 变换成模拟高通滤波器 $H(s)$（图 5 - 4 - 1），需要把模拟通带从低频区换到高频区，把阻带由高频区换到低频区，见表 5 - 4 - 1。

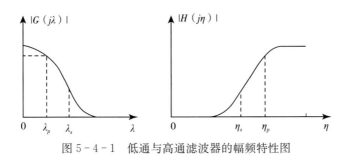

图 5 - 4 - 1　低通与高通滤波器的幅频特性图

表 5 - 4 - 1　归一化模拟低通滤波器和归一化模拟高通滤波器的频率对应关系

λ	0	λ_p	λ_s	$+\infty$
η	$+\infty$	η_p	η_s	0

图 5 - 4 - 1 中 λ_p、λ_s 分别称为模拟低通滤波器的归一化通带截止频率和归一化阻带截止频率，η_p 和 η_s 分别称为模拟高通滤波器的归一化通带截止频率和归一化阻带截止频率。通过 λ 和 η 的对应关系，推导出其模拟频率变换。由于 $|G(p)|$ 和 $|H(p)|$ 都是频率的偶函数，可以把 $|G(p)|$ 右半边幅频特性和 $|H(p)|$ 右半边幅频特性对应起来，低通的 λ 从 $+\infty$ 经过 λ_s 和 λ_p 到 0 时，高通的 η 从 0 经过 η_s 和 η_p 到 $+\infty$，因此 λ 和 η 的关系为

$$\lambda = \frac{1}{\eta} \tag{5 - 4 - 1}$$

式（5 - 4 - 1）即归一化模拟低通滤波器到归一化模拟高通滤波器的频率变换公式，由此式可直接实现模拟低通和模拟高通归一化边界频率之间的转换。如果已知模拟低通 $G(j\lambda)$，则模拟高通 $H(j\lambda)$ 的系统函数可用下式转换，即

$$H(j\lambda) = G(j\lambda)\big|_{\lambda=\frac{1}{\eta}}$$

由于 $p = -1/q$，可得

$$H(q) = G(p) \big|_{p=-1/q} \qquad (5-4-2)$$

由于无论模拟低通还是模拟高通滤波器，当它们的单位冲击响应为实函数时，幅频特性具有偶对称性，所以为了方便，一般多采用下面方式进行模拟低通滤波器 $G(p)$ 到模拟高通滤波器 $H(q)$ 的系统函数变换，即

$$H(q) = G(p) \big|_{p=1/q} \qquad (5-4-3)$$

采用式（5-4-2）与式（5-4-3）进行高通系统函数的频率变换，变换后得到的两个模拟高通滤波器幅频特性没有差别，只是相频部分其初始相位相差 π 弧度，故采用式（5-4-3）进行系统变换并不影响最终模拟高通滤波器的幅频特性。

在进行高通滤波器设计时，如果给定模拟高通滤波器技术指标，则必须将高通技术指标通过频率变换转换为归一化模拟低通技术指标，并设计出归一化模拟低通滤波器；然后，再将此归一化模拟低通滤波器通过频率变换转换为归一化模拟高通滤波器；最后，去归一化得到所求模拟高通滤波器。

①通带截止频率 Ω_p，阻带截止频率 Ω_s，通带最大衰减 α_p，阻带最小衰减 α_s。

②通带截止频率 $\eta_p = \Omega_p / \Omega_c$，阻带截止频率 $\eta_s = \Omega_s / \Omega_c$，通带最大衰减 α_p，阻带最小衰减 α_s。

③按照式（5-4-1），将模拟高通滤波器的边界频率转换成模拟低通滤波器的边界频率，各项设计指标为模拟低通滤波器通带截止频率 $\lambda_p = \dfrac{1}{\eta_p}$；模拟低通滤波器阻带截止频率 $\lambda_s = \dfrac{1}{\eta_s}$；通带最大衰减仍为 α_p，阻带最小衰减仍为 α_s。

④设计归一化模拟低通滤波器 $G(p)$。

⑤转化为模拟高通滤波器 $H(s)$：将 $G(p)$ 按照式（5-4-3）进行频率变换，转换成归一化模拟高通滤波器 $H(s)$；再将 $q = s/\Omega_c$ 代入 $H(q)$ 去归一化，得到模拟高通滤波 $H(s)$，即

$$H(q) = G(p) \big|_{p=1/q}$$

$$H(s) = H(q) \big|_{q=s/\Omega_c}$$

转换关系或者综合为如下关系式，即

$$H(s) = G(p) \big|_{p=\Omega_c/s}$$

由于最终设计的是数字滤波器，因此在完成上面模拟滤波器设计的基础上，需要考虑将模拟高通滤波器转换为数字高通滤波器。高通数字滤波器的设计流程如图 5-4-2 所示，在图 5-4-2 中，由于设计数字高通滤波器，无法

采用脉冲响应不变方法，所以映射方法只能选择双线性变换法。图中设计模拟滤波器时采用的归一化与去归一化中的参考频率与设计模拟低通滤波器时所选逼近模型有关，逼近模型（巴特沃斯或切比雪夫低通模型）不同则参考频率也不同。

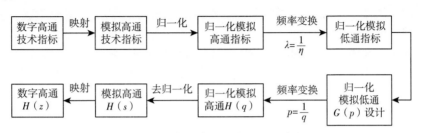

图 5 - 4 - 2　数字高通滤波器的设计流程

5.4.3　模拟低通到模拟带通的频率变换

归一化模拟低通与归一化模拟带通滤波器的幅频特性如图 5 - 4 - 3 所示。图 5 - 4 - 3 中 Ω_{ph}、Ω_{p1} 和 Ω_{s1}、Ω_{sh} 分别称为模拟带通滤波器的通带上、下截止频率和阻带下、上截止频率；模拟带通滤波器一般用通带中心频率 Ω_0（$\Omega_0^2 = \Omega_{ph}\Omega_{p1}$）和通带带宽 $B = \Omega_{ph} - \Omega_{p1}$ 两个参数来表征。B 通常作为归一化的参考频率，于是归一化截止频率计算如下：

$$\Omega_{p1} = \frac{\Omega_{p1}}{B}, \Omega_{ph} = \frac{\Omega_{ph}}{B}, \eta_{s1} = \frac{\Omega_{s1}}{B}, \eta_{sh} = \frac{\Omega_{sh}}{B}, \eta_0^2 = \eta_{ph}\eta_{p1} = \frac{\Omega_0^2}{B^2}$$

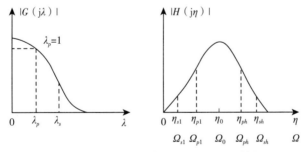

图 5 - 4 - 3　低通与带通滤波器的幅频特性

现在将图 5 - 4 - 3 中归一化低通与带通的幅频特性对应起来，如表 5 - 4 - 2 所示。

表 5 - 4 - 2　归一化模拟低通滤波器与归一化模拟带通滤波器频率对应关系

λ	$-\infty$	$-\lambda_s$	$-\lambda_p$	0	λ_p	λ_s	$+\infty$
η	0	η_{s1}	η_{p1}	η_0	η_{ph}	η_{sh}	$+\infty$

归一化模拟带通滤波器到归一化模拟低通滤波器的频率变换公式为

$$\lambda = \frac{\eta^2 - \eta_0^2}{\eta} \qquad (5-4-4)$$

根据式（5-4-4）的映射关系，频率 $\lambda=0$ 映射为频率 $\eta=\pm\eta_0$；频率 $\lambda=\lambda_p$ 映射为频率 η_{ph} 和 $-\eta_{p1}$，频率 $\lambda=-\lambda_p$ 映射为频率 $-\eta_{ph}$ 和 η_{p1}。也就是说，将归一化模拟低通滤波器 $G(p)$ 的通带 $[-\lambda_p,\lambda_p]$ 映射为归一化模拟带通滤波器的通带 $[\eta_{ph}$ 和 $-\eta_{p1}]$ 和 $[\eta_{p1}$ 和 $-\eta_{ph}]$。同样道理，频率 $\lambda=\lambda_s$ 映射为频率 η_{sh} 和 $-\eta_{s1}$，频率 $\lambda=-\lambda_s$ 映射为频率 $-\eta_{sh}$ 和 η_{s1}。如果将 λ_p、η_{ph} 和 $\eta_0^2=\eta_{ph}\eta_{p1}$ 代入式（5-4-4）中，则有

$$\lambda_p = \frac{\eta_{ph}^2 - \eta_0^2}{\eta_{ph}} = \eta_{ph} - \eta_{p1} = 1$$

通过式（5-4-4）可以在给定模拟带通滤波器技术指标的情况下，通过频率变换将指标映射到模拟低通滤波器上，将设计带通问题转换为设计低通滤波器问题，通过前面介绍的方法设计归一化模拟低通滤波器，最后将设计出的低通滤波器再映射为带通滤波器，这样就可以借助于模拟低通滤波器的设计实现模拟带通滤波器的设计了。为了完成模拟低通到模拟带通的频率映射，需要推导由归一化低通到归一化带通滤波器的频率变换公式，下面进行公式推导。

对归一化低通滤波器而言，有

$$p = j\lambda$$

将式（5-4-4）代入上式，得到

$$p = j\frac{\eta^2 - \eta_0^2}{\eta}$$

将 $q=j\eta$ 代入上式，得到

$$p = \frac{q^2 + \eta_0^2}{q}$$

用 B 实现去归一化，即 $q=s/B$，$\eta_0^2=\Omega_0^2/B^2$，将 q 和 η_0^2 代入上式，得到

$$p = \frac{s^2 + \Omega_0^2}{Bs}$$

因此

$$H(s) = G(p)\big|_{p=\frac{s^2+\Omega_0^2}{Bs}} \qquad (5-4-5)$$

式（5-4-5）就是由归一化模拟低通直接转换成模拟带通的计算公式。从式中看出，由于 p 是复频率 s 的二次函数，若低通滤波器 $G(p)$ 为 N 阶，那么设计出的带通滤波器 $H(s)$ 便为 $2N$ 阶。

①确定模拟带通滤波器的带通上截止频率 Ω_{ph}、带通下截止频率 Ω_{p1}、阻带上截止频率 Ω_{sh}、阻带下截止频率 Ω_{s1}、通带中心频率 $\Omega_0^2=\Omega_{p1}\Omega_{ph}$、通带宽度

$B=\Omega_{ph}-\Omega_{p1}$、通带最大衰减 α_p 及阻带最小衰减 α_s 等指标。

②确定归一化模拟带通滤波器的 $\eta_{p1}=\dfrac{\Omega_{p1}}{B}$，$\eta_{ph}=\dfrac{\Omega_{ph}}{B}$，$\eta_{s1}=\dfrac{\Omega_{s1}}{B}$，$\eta_{sh}=\dfrac{\Omega_{sh}}{B}$，

$\eta_0^2=\eta_{ph}\eta_{p1}=\dfrac{\Omega_0^2}{B^2}$ 等指标。

通带最大衰减 α_p，阻带最小衰减 α_s。

③确定归一化模拟低通滤波器的技术指标，即

$$\lambda_p=1,\lambda_{s1}=\frac{\eta_{sh}^2-\eta_0^2}{\eta_{sh}},-\lambda_{s2}=\frac{\eta_{s1}^2-\eta_0^2}{\eta_{s1}}$$

按上式计算的 λ_{s1} 与 $-\lambda_{s2}$ 的绝对值可能不相等，因此，一般取绝对值小的作为 λ_s，即 $\lambda_s=\min\{|\lambda_{s1}|,|\lambda_{s2}|\}$，这样保证阻带满足技术指标要求。通带最大衰减仍为 α_p，阻带最小衰减亦为 α_s。

④设计归一化模拟低通滤波器 $G(p)$。

⑤由式（5-4-5）直接将 $G(p)$ 转换成带通 $H(s)$。

由于最终设计的是数字滤波器，因此在完成上面模拟滤波器设计的基础上，还需要考虑将模拟带通滤波器转换为数字带通滤波器。数字带通滤波器的设计流程如图 5-4-4 所示，其中，需要确定技术指标的映射关系及由模拟带通滤波器到数字带通滤波器的映射关系，由于设计的是数字带通滤波器，其映射方法可以采用脉冲响应不变法，也可以采用双线性变换法。

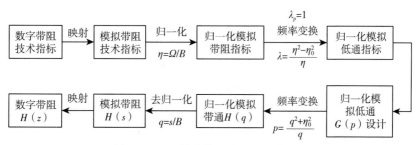

图 5-4-4　数字带通滤波器设计流程

5.4.4　模拟低通到模拟带阻的频率变换

归一化模拟低通与归一化模拟带阻滤波器的幅频特性如图 5-4-5 所示。图 5-4-5 中，Ω_{p1} 和 Ω_{ph} 分别是通带下截止频率和通带上截止频率，Ω_{s1} 和 Ω_{sh} 分别为阻带的下截止频率和上截止频率，Ω_0 为阻带中心频率，$\Omega_0^2=\Omega_{ph}\Omega_{p1}=\Omega_{sh}\Omega_{s1}$，阻带带宽 $B=\Omega_{ph}-\Omega_{p1}$，为归一化参考频率。归一化边界频率计算如下。

$$\eta_{p1}=\frac{\Omega_{p1}}{B},\eta_{ph}=\frac{\Omega_{ph}}{B},\eta_{s1}=\frac{\Omega_{s1}}{B},\eta_{sh}=\frac{\Omega_{sh}}{B},\eta_0^2=\eta_{ph}\eta_{p1}=\frac{\Omega_0^2}{B^2}$$

现在将图 5-4-5 中归一化模拟低通与模拟带阻的幅频特性对应起来，如表 5-4-3 所示。

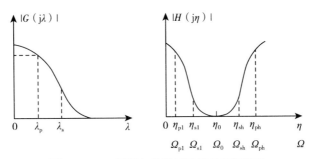

图 5-4-5　低通与带阻滤波器的幅频特性

表 5-4-3　归一化模拟低通滤波器与归一化模拟带阻滤波器频率对应关系

λ	$-\infty$	$-\lambda_s$	$-\lambda_p$	0	λ_p	λ_s	$+\infty$
η	0	η_{p1}	η_{s1}	$+\infty$	η_{sh}	η_{ph}	η_0

归一化模拟带阻滤波器到归一化模拟低通滤波器的频率变换公式为

$$\lambda = \frac{\eta}{\eta^2 - \eta_0^2} \qquad (5-4-6)$$

由于 $\eta_{ph} - \eta_{p1} = 1$，代入式（5-4-6）可得 $\lambda_p = 1$。

根据式（5-4-6）的映射关系，当频率 λ 从 $-\infty \rightarrow -\lambda_s \rightarrow -\lambda_p \rightarrow 0_-$ 时：

①η 从 $-\eta_0 \rightarrow -\eta_{sh} \rightarrow -\eta_{ph} \rightarrow -\infty$，形成归一化模拟带阻滤波器 H（jη）在 $(-\infty, -\eta_0)$ 上的频率响应。

②η 从 $\eta_0 \rightarrow \eta_{s1} \rightarrow \eta_{p1} \rightarrow 0_-$，形成归一化模拟带阻滤波器 H（jη）在 $[0_+, \eta_0]$ 上的频率响应。

当频率 λ 从 $0_+ \rightarrow \lambda_p \rightarrow \lambda_s \rightarrow +\infty$ 时：①η 从 $0_- \rightarrow -\eta_{p1} \rightarrow -\eta_{s1} \rightarrow -\eta_0$，形成归一化模拟带阻滤波器 H（jη）在 $[-\eta_0, 0_-]$ 上的频率响应；②从 η 从 $+\infty \rightarrow \eta_{ph} \rightarrow -\eta_{sh} \rightarrow -\eta_0$，形成归一化模拟带阻滤波器 H（jη）在 $(\eta_0, +\infty)$ 上的频率响应。

为了完成模拟低通到模拟带阻的频率映射，需要推导由归一化模拟低通到归一化模拟带阻滤波器的频率变换公式，下面进行公式推导。

归一化低通滤波器有

$$p = j\lambda$$

将式（5-4-6）代入上式，得到

$$p = j \frac{\eta}{\eta^2 - \eta_0^2}$$

将 $q = \mathrm{j}\eta$ 代入上式，得到

$$p = \frac{-q}{q^2 + \eta_0^2} \qquad (5-4-7)$$

由于无论低通还是带阻滤波器，它们幅频特性都具有偶对称性，所以为了方便，一般多采用下面方式进行归一化模拟低通 $G(p)$ 到归一化模拟带阻 $H(q)$ 的系统函数的变换，即

$$p = \frac{q}{q^2 + \eta_0^2} \qquad (5-4-8)$$

采用式（5-4-6）与式（5-4-7）进行归一化模拟低通滤波器 $G(p)$ 到模拟带阻滤波器 $H(s)$ 的频率变换，采用两式进行频率变换后得到的模拟带阻滤波器幅频特性没有差别，只是相频部分其初始相位相差 π 弧度，故采用式（5-4-7）进行系统变换并不影响最终滤波器的幅频特性。为了去归一化处理，将 $q = s/B$，$\eta_0^2 = \Omega_0^2/B^2$ 代入式（5-4-8），得到

$$\eta_0^2 = \frac{sB}{s^2 + \Omega_0^2} = \frac{s(\Omega_{ph} - \Omega_{p1})}{s^2 + \Omega_{ph}\Omega_{p1}} \qquad (5-4-9)$$

式（5-4-9）就是直接由归一化模拟低通滤波器转换成模拟带阻滤波器的频率变换公式，即

$$H(s) = G(p)\big|_{p = \frac{sB}{s^2 + \Omega_0^2}} \qquad (5-4-10)$$

设计带阻滤波器的步骤如下：

①确定模拟带阻滤波器的通带下截止频率 Ω_{ph}，通带上截止频率 Ω_{p1}，阻带下截止频率 Ω_{s1}，阻带上截止频率 Ω_{sh}，阻带中心频率 $\Omega_0^2 = \Omega_{ph}\Omega_{p1}$，阻带宽度 $B = \Omega_{ph} - \Omega_{p1}$ 等技术指标。它们相应的归一化截止频率为

$$\eta_{ph} = \Omega_{ph}/B, \eta_{p1} = \Omega_{p1}/B, \eta_{s1} = \Omega_{s1}/B, \eta_{sh} = \Omega_{sh}/B,$$
$$\eta_0^2 = \eta_{ph}\eta_{p1} = \Omega_0^2/B^2 \qquad (5-4-11)$$

及通带最大衰减 η 和阻带最小衰减 α_s。

②确定归一化模拟低通滤波器技术指标，即

$$\lambda_p = 1, \lambda_{s1} = \frac{\eta_{s1}}{\eta_{s1}^2 - \eta_0^2}, -\lambda_{s2} = \frac{\eta_{sh}}{\eta_{sh}^2 - \eta_0^2} \qquad (5-4-12)$$

按式（5-4-12）计算得到的 λ_{s1} 与 $-\lambda_{s2}$ 的绝对值可能不相等，一般取绝对最小的作为 λ_s，即 $\lambda_s = \min\{|\lambda_{s1}|, |\lambda_{s2}|\}$ 这样保证 λ_s 阻带满足技术指标要求。通带最大衰减为 α_p，阻带最小衰减为 α_s。

③设计归一化模拟低通滤波器 $G(p)$。

④按照式（5-4-11）可得

$$H(s) = G(p)\big|_{p = \frac{sB}{s^2 + \Omega_0^2}}$$

直接将归一化模拟低通滤波器 $G(p)$ 转换成模拟带阻滤波器 $H(s)$。

数字带阻滤波器的设计流程，如图5-4-6所示。数字带阻滤波器的设计在数字域到模拟域频率的映射，以及最后从模拟带阻滤波器到数字带阻滤波器的映射，由于含有高通部分，故其映射方法采用双线性变换法比较合适，而不宜采用脉冲响应不变法。

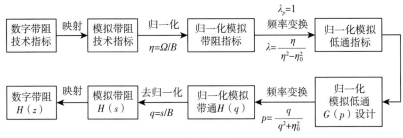

图5-4-6　数字带阻滤波器设计流程

5.4.5　模拟域频率变换的 MATLAB 实现

MATLAB 信号处理工具箱提供了从归一化模拟低通滤波器到模拟低通、高通、带通和带阻滤波器的变换函数。这些函数包括 lp2lp、lp2hp、lp2bp 和 lp2bs，它们分别对应于模拟域的低通到低通、低通到高通、低通到带通和低通到带阻四种频率变换。调用格式分别如下。

［numT，denT］＝lp2lp（num，den，Omega）

其中，nurn 和 numT 分别表示转换前后两系统函数的分子系数，den 和 denT 分别表示转换前后两系统函数的分母系数，它们在以下函数中具有相同的含义。

lp2lp 函数可将截止频率为 1rad/s 的模拟低通滤波器原型变换成截止频率为 Omega 的低通滤波器，即实现了归一化模拟低通滤波器到模拟低通滤波器的变换。

［numT，denT］＝lp2hp（hum，den，Omega）

lp2hp 函数可将截止频率为 1rad/s 的模拟低通滤波器原型变换成截止频率为 Omega 的模拟高通滤波器，即实现了归一化模拟低通原型到模拟高通滤波器的变换。

［numT，denT］＝1p2bp（num，den，Omega，B）

lp2bp 函数可将截止频率为 1rad/s 的模拟低通滤波器原型变换成具有指定带宽 B、中心频率为 Omega 的模拟带通滤波器，即实现了归一化模拟低通原型到模拟带通滤波器的变换。

［numT，denT］＝lp2bs（num，den，Omega，B）

lp2bs 函数可将截止频率为 1rad/s 的模拟低通滤波器原型变换成具有指定

带宽 B、中心频率为 Omega 的模拟带阻滤波器，即实现了归一化模拟低通原型到模拟带阻滤波器的变换。

5.5　常用特殊 IIR 滤波器

5.5.1　数字谐振器

为了研究信号中的单频成分，通常设计一个系统，使得通过该系统后只剩下该频率成分，这类滤波器叫做数字谐振器。数字谐振器非常适合频带非常窄、难以用通常的 IIR 数字滤波器实现的带通滤波器。

（1）零点在原点，一对共轭极点为 $re^{\pm j\omega_0}$ 的数字滤波器。

其系统函数为

$$H(z) = \frac{b_0}{(1 - e^{j\omega_0}z^{-1})(1 - e^{-j\omega_0}z^{-1})} = \frac{b_0}{1 - (2r\cos\omega_0)z^{-1} + r^2 z^{-2}}$$

$$(5-5-1)$$

可以看出，此系统的幅度特性在 ω_0 附近取最大值，选取 b_0 使 $|H(e^{\omega_0})| = 1$，则将 $z = e^{j\omega_0}$ 代入得

$$|H(e^{j\omega_0})| = \left| \frac{b_0}{(1-r)(1-re^{-j2\omega_0})} \right| = \frac{b_0}{(1-r)(1-re^{-j2\omega_0})} = 1$$

从而

$$b_0 = (1-r)(1-re^{-j2\omega_0}) = (1-r)|(1-r\cos2\omega_0 + jr\sin2\omega_0)|$$

$$= (1-r)\sqrt{1 + r^2 - 2r\cos2\omega_0}$$

该系统在任意频率点的幅度特性可以写为

$$|H(e^{j\omega_0})| = \frac{b_0}{U_1(\omega)U_2(\omega)}$$

式中，$U_1(\omega)$ 和 $U_2(\omega)$ 分别为极点 p_1，p_2 到点 ω 的矢量的长度，可以表示为

$$U_1(\omega) = \sqrt{1 + r^2 - 2r\cos(\omega_0 - \omega)}$$

$$U_2(\omega) = \sqrt{1 + r^2 - 2r\cos(\omega_0 + \omega)}$$

当 $U_1(\omega)U_2(\omega)$ 取最小时，系统具有最大幅度，求其最小值

$$\frac{d(U_1(\omega)U_2(\omega))}{d\omega} = \frac{1}{2}\left[(1+r^2)^2 - 4r(1+r^2)\sin\omega_0\cos\omega + 4r^2\sin2\omega\right] = 0$$

因此，当

$$\omega = \omega_r = \arccos\left(\frac{1+r^2}{2r}\cos\omega_0\right)$$

时，幅度取最大值，此时的频率值为谐振器的精确谐振频率。由此可以看

出，如果两个极点非常接近单位圆，则 $\omega_0 = \omega_r$，可以证明其 3dB 带宽为

$$\Delta \omega \approx (1 - r)$$

因此可以归纳该类谐振器的设计步骤：①根据用户要求的带宽 $\Delta \omega$ 得到要设计谐振器的 r 值；②根据 r 值和谐振频率 ω_r，得到 ω_0；③根据（5-5-1）式设计谐振器。

（2）两个零点分别放置在 $z=1$ 和 $z=-1$ 处，一对共轭极点为 $re^{\pm j\omega_0}$ 的数字谐振器其系统函数为

$$H(z) = \frac{b_0 (1 - z^{-1})(1 + z^{-1})}{(1 - e^{j\omega_0} z^{-1})(1 - e^{-j\omega_0} z^{-1})} = \frac{b_0 (1 - z^{-2})}{1 - (2r\cos\omega_0) z^{-1} + r^2 z^{-2}}$$

将 $z = e^{j\omega}$ 代入得到其传递函数为

$$|H(e^{j\omega})| = \frac{b_0 (1 - e^{-j2\omega})}{(1 - re^{j(\omega_0 - \omega)})(1 - re^{j(\omega_0 - \omega)})}$$

其幅度特性为

$$|H(e^{j\omega})| = \frac{N(\omega)}{U_1(\omega) U_2(\omega)}$$

其中

$$N(\omega) = b_0 \sqrt{2(1 - \cos 2\omega)}$$

为两个零点 $z=1$，$z=-1$ 到点 ω 的矢量长度之积。$U_1(\omega)$ 和 $U_2(\omega)$ 与前边的定义相同，分别为极点 p_1，p_2 到点 ω 的矢量的长度，由此可以得到使峰值幅度为 1 的 b_0 为

$$b_0 = (1 - r) \sqrt{\frac{1 + r^2 - 2r\cos 2\omega_0}{2(1 - \cos 2\omega_0)}}$$

与前面的谐振器一样，该滤波器的 3dB 带宽也为 $\Delta \omega \approx (1 - r)$。

5.5.2 数字陷波器

与数字谐振器相反的是，由于信号中含有某种单频干扰，我们希望滤除此单频干扰，而让其他频率成分通过，这就是数字陷波器。这里讨论二阶数字陷波器，它的幅度特性在 $\omega = \omega_0$ 处为零，在其他频率上接近常数。

零点 $z = re^{\pm j\omega_0}$ 使滤波器的幅度特性在 $\omega = \pm \omega_0$ 处为零。为使幅度离开 $\omega = \pm \omega_0$ 后迅速上升到一个常数，将两个极点放在非常靠近零点的地方，极点为 $z = ae^{\pm j\omega_0}$，系统函数为

$$H(z) = \frac{(z - e^{j\omega_0})(z - e^{-j\omega_0})}{(z - ae^{j\omega_0})(z - ae^{-j\omega_0})} = \frac{1 - 2\cos\omega_0 z^{-1} + z^{-2}}{1 - 2a\cos\omega_0 z^{-1} + a^2 z^{-2}}$$

其中，$0 \leq a \leq 1$。如果 a 比较小，滤波器的阻带较宽，对 $\omega = \omega_0$ 近邻的频率分量影响显著。我们不加证明地给出陷波器的 3dB 的阻带宽为 $(1 - a)$，即 a 越大，极点越靠近零点（即靠近单位圆），陷波器的 3dB 阻带越窄。

陷波器的设计步骤为：①根据用户要求的阻带宽度给出 a 的值；②将 a 的值和陷波频率代入上式设计陷波器的传递函数。

5.5.3　全通滤波器

如果滤波器的幅度特性在整个频带上均为常数，或者等于 1，即

$$|H(\mathrm{e}^{\mathrm{j}\omega})| = 1, 0 \leqslant \omega \leqslant 2\pi$$

称为全通滤波器。

全通滤波器的一般形式为

$$H(z) = \frac{\displaystyle\sum_{k=0}^{N} a_k z^{-N+k}}{\displaystyle\sum_{k=0}^{N} a_k z^{-k}} \qquad (5-5-2)$$

下面证明上式的幅度特性为

$$H(z) = \frac{\displaystyle\sum_{k=0}^{N} a_k z^{-N+k}}{\displaystyle\sum_{k=0}^{N} a_k z^{-k}} = z^{-N} \frac{\displaystyle\sum_{k=0}^{N} a_k z^{k}}{\displaystyle\sum_{k=0}^{N} a_k z^{-k}} = z^{-N} \frac{D(z^{-1})}{D(z)}$$

因为上式中系数是实数，所以

$$D(z^{-1})\big|_{z=\mathrm{e}^{\mathrm{j}\omega}} = D(\mathrm{e}^{-\mathrm{j}\omega}) = D^*(\mathrm{e}^{\mathrm{j}\omega})$$

$$|H(\mathrm{e}^{\mathrm{j}\omega})| = \left|\frac{D^*(\mathrm{e}^{\mathrm{j}\omega})}{D^*(\mathrm{e}^{\mathrm{j}\omega})}\right| = 1$$

这就证明了式（5-5-2）为全通滤波器的系统函数。下面分析该滤波器的零极点分布特征。由上面分析可知，滤波器的零点、极点互成倒易关系。如果 z_k 是它的零点，则 $p_k = z_k^{-1}$ 就是它的极点。因为 $D(z^{-1})$ 和 $D(z)$ 的系数是实数，零点、极点均以共轭形式出现：z_k 是零点，z_k^* 也是零点，$p_k = z_k^{-1}$ 是极点，$p_k^* = (z_k^{-1})^*$ 也是极点，形成四个零极点一组的形式。当然如果零点在单位圆上，或者零点为实数，则以两个一组的形式出现。

如果将零点 z_k 和极点 $p_k^* = (z_k^{-1})^*$ 组成一对，零点 z_k 和 $p_k^* = (z_k^{-1})^*$ 组成一对，则全通滤波器的系统函数可以表示为

$$H(z) = \prod_{k=1}^{N} \frac{z^{-1} - z_k}{1 - z_k^* z^{-1}}$$

显然上式的零点和极点互成共轭倒易关系。其中，N 为阶数。

全通滤波器一般作相位校正。

5.5.4　最小相位滤波器

对于全部零点位于单位圆内的因果稳定滤波器，称为最小相位滤波器，系

统函数用 $H_{\min}(z)$ 表示；而对于全部零点位于单位圆外的因果稳定滤波器，称为最大相位滤波器。系统函数用 $H_{\max}(z)$ 表示。

任何一个因果稳定滤波器均可以用一个最小相位滤波器和一个全通滤波器 $H_{ap}(z)$ 级联而成，即

$$H(z) = H_{\min}(z)H_{ap}(z)$$

证明：假设 $H(z)$ 仅有一个零点 $z=z_0^{-1}$ 在单位圆外，$|z_0|<1$，$H(z)$ 可以表示为

$$H(z) = H_1(z)(z^{-1}-z_0)$$

因为上式中将仅有的一个圆外零点，用因式 $(z^{-1}-z_0)$ 表示。$H_1(z)$ 的全部零点都在单位圆内，所以 $H_1(z)$ 是一个最小相位滤波器。再将上式的分子和分母乘以 $1-z_0^* z^{-1}$ 得

$$H(z) = H_1(z)(z^{-1}-z_0)\frac{1-z_0^* z^{-1}}{1-z_0^* z^{-1}} = \left[H_1(z)(1-z_0^* z^{-1})\right]\frac{z^{-1}-z_0}{1-z_0^* z^{-1}}$$

显然上式的后半部分是一个全通滤波器，而 $(1-z_0^* z^{-1})$ 的根在单位圆内，因此前半部分仍是最小相位滤波器。变换后的滤波器幅频特性不变，相当于将后者单位圆外的零点 $z=z_0^{-1}$ 以共轭倒易关系搬到单位圆内，零点变为 z_0^*。这样就可以得到一个结论：凡是将零点（或者极点）以共轭倒易关系从单位圆外（内）搬到单位圆内（外），滤波器的幅频特性保持不变，而相位特性会发生变化。对于一般的滤波器可以利用这一结论，用共轭倒易关系将所有单位圆外的零点搬到单位圆内，构成最小相位滤波器。

5.5.5 梳状滤波器

如果将系统函数 $H(z)$ 的变量用 z^N 代替，得到 $H(z^N)$，则传递函数相应变为 $H(e^{j\omega N})$，该系统以 $\frac{2\pi}{N}$ 为周期，相当于将原来的 $H(e^{j\omega N})$ 压缩到 $0\sim\frac{2\pi}{N}$ 的区间内，并且 N 个周期中的波形一样。利用这种性质可以构建梳状滤波器。

第 6 章
有限长单位冲激响应数字滤波器设计

　　IIR 数字滤波器主要是针对幅频特性的逼近，相频特性会存在不同程度的非线性，即相位是非线性的。而无失真传输与处理的条件是，在信号的有效频谱范围内系统幅频响应为常数，相频响应为频率的线性函数（具有线性相位）。如果要采用 IIR 数字滤波器实现无失真传输，那么必须用全通网络进行复杂的相位校正。

　　而相对于 IIR 滤波器，有限长抽样响应（FIR）滤波器的最大优点就是可以实现线性相位滤波。此外，其还具有以下优点：

　　（1）FIR 滤波器的单位抽样响应是有限长的，因而滤波器一定是稳定的；

　　（2）总可以用一个因果系统来实现 FIR 滤波器；

　　（3）可以用 FFT 算法来实现，从而大大提高运算效率。

　　因此，FIR 滤波器在信号处理领域有着广泛的应用，尤其是在要求线性相位滤波的应用场合。当然，同样的幅频特性，IIR 滤波器所需阶数比 FIR 滤波器的要少得多。

　　由于 FIR 滤波器与 IIR 滤波器自身的特点不同，其设计方法也不太一样，IIR 滤波器面向极点系统的设计方法不适用于仅包含零点的 FIR 系统。目前，FIR 滤波器的设计方法一般是基于逼近理想滤波器特性的方法，主要有窗函数法、频率抽样法、等波纹逼近法。

6.1　FIR 数字滤波器的特点

　　FIR 数字滤波器的单位脉冲响应是有限长序列。FIR 数字滤波器在一定条件下可以实现理想的线性相位特性。

　　如果 FIR 滤波器的单位脉冲响应 $h(n)$ 长度为 N，其系统函数为

$$H(z) = \sum_{n=1}^{N} h(n)z^{-n}$$

式中，$H(z)$ 为 z^{-1} 的 $N-1$ 阶多项式，它在 z 平面上有 $N-1$ 个零点并在原点 $z=0$ 处有 $N-1$ 重极点。故，一般来说 $H(z)$ 永远为稳定系统。所以 FIR 滤波器有如下特点。

①单位脉冲响应 $h(n)$ 的非零值个数有限。

②系统函数 $H(z)$ 收敛域为 $|z|>0$，一般在设计过程中不必考虑系统的稳定性问题。

③在一定条件下，可设计具有线性相位特性的系统。

④由于 $h(n)$ 为有限长，故可用 FFT 方法进行系统实现，运算效率高。

⑤一般采用非递归结构，没有输出到输入的反馈，但频率抽样结构含有反馈回路。

6.2　线性相位数字滤波器

需要特别指出的是 FIR 数字滤波器可以实现线性相位滤波，但并不是所有的 FIR 数字滤波器都具有线性相位特性，只有满足特定条件的 FIR 数字滤波器才具有线性相位。本节将介绍线性相位的定义、FIR 滤波器具有线性相位的条件及相应幅度特性和零点分布情况，以便依据不同的实际需求选择合适的 FIR 滤波器类型，并在设计时遵循相应的约束条件。

6.2.1　线性相位的定义

对于长度为 N 的单位抽样响应 $h(n)$，其频率响应为

$$H(e^{j\omega}) = \sum_{n=0}^{N-1} h(n)e^{-j\omega n} \qquad (6-2-1)$$

当 $h(n)$ 为实数序列时，

$$H(e^{j\omega}) = |H(e^{j\omega})|e^{j\varphi(\omega)} = \pm |H(e^{j\omega})|e^{j\theta(\omega)} = H_r(\omega)e^{j\theta(\omega)}$$

$$(6-2-2)$$

对式（6-2-2）做以下说明：

（1）$|H(e^{j\omega})|$，$\phi(\omega)$ 分别是系统的幅度频率响应函数和相位频率响应函数，需要注意的是：$|H(e^{j\omega})|$ 始终为正值，而 $\phi(\omega)$ 处于主值 $-\pi \sim \pi$ 之间，且其波形是不连续的、跳变的。

（2）与 $|H(e^{j\omega})|$ 相比，幅度特性函数 $H_r(\omega)$（ω 的实函数）的值可正可负，不要求必须为正值，即 $H_r(\omega) = \pm|H(e^{j\omega})|$；$\theta(\omega)$ 为相位特性函数，当 $H_r(\omega)$ 取正值时，$\theta(\omega) = \phi(\omega)$，当 $H_r(\omega)$ 取负值时，与正值

$|H(e^{jω})|$ 相比，其前面多一负号，为了使等式（6-2-2）成立，则应在 $θ(ω)$ 中考虑这一负号的影响，即

$$|H(e^{jω})|e^{jϕ(ω)} = -|H(e^{jω})|e^{jθ(ω)} = |H(e^{jω})|e^{\pm jπ}e^{jθ(ω)} = |H(e^{jω})|e^{j[θ(ω)\pm π]}$$

因此，$ϕ(ω) = θ(ω) \pm π$ 或 $θ(ω) = ϕ(ω) \pm π$。

（3）与 $ϕ(ω)$ 相比，$θ(ω)$ 的波形是连续的直线形式，以便更直观地体现线性相位的特点。

基于上述介绍，下面给出相关概念。

线性相位　$H(e^{jω})$ 具有线性相位是指 $θ(ω)$ 与 $ω$ 呈线性关系，即

$$θ(ω) = -αω \tag{6-2-3}$$

或

$$θ(ω) = β - αω \tag{6-2-4}$$

式（6-2-3）和式（6-2-4）分别称为第一类线性相位（严格线性相位）和第二类线性相位（广义线性相位），式中，$α$、$β$ 均为常数。

群延时　系统的群延时定义为

$$τ = -\frac{\mathrm{d}θ(ω)}{\mathrm{d}ω} \tag{6-2-5}$$

显然，以上两种类型的线性相位系统具有相同的群延时 $α$，因此线性相位滤波器又称为恒定群延时滤波器。图 6-2-1 是线性相位 FIR 滤波的频率响应

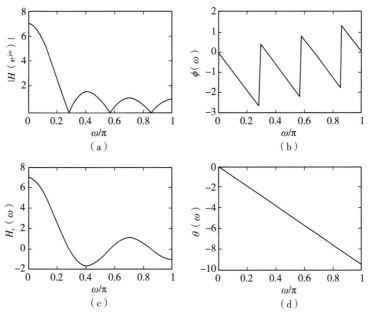

图 6-2-1　线性相位 FIR 滤波的频率响应函数
（a）幅度频率响应函数　（b）相位频率响应函数　（c）幅度特性函数　（d）相位特性函数

函数。由图 6-2-1 可见，$|H(e^{j\omega})|$ 始终为正值，而 $H_r(\omega)$ 则有正有负；$\phi(\omega)$ 是跳变的，而 $\theta(\omega)$ 则是连续的直线，$\theta(\omega)$ 可由 $\phi(\omega)$ 从左至右的各连续段分别减去 0、π、2π、3π 得到。

6.2.2 线性相位的条件

6.2.2.1 第一类线性相位的条件

满足第一类线性相位的充分且必要条件是：$N-1$ 阶滤波器的单位抽样响应函数 $h(n)$ 是实数序列，且关于 $n=\dfrac{N-1}{2}$ 偶对称，即

$$h(n) = h(N-1-n) \qquad (6-2-6)$$

证明

充分性：滤波器的系统函数为

$$H(z) = \sum_{n=0}^{N-1} h(n) z^{-n} \qquad (6-2-7)$$

将式 (6-2-6) 代入式 (6-2-7) 得

$$H(z) = \sum_{n=0}^{N-1} h(N-1-n) z^{-n}$$

令 $m=N-n-1$ 进行变量代换，得

$$H(z) = \sum_{m=0}^{N-1} h(m) z^{-(N-m-1)}$$

$$= z^{-(N-1)} \sum_{m=0}^{N-1} h(m) z^{m}$$

结合式 (6-2-7)，有

$$H(z) = z^{-(N-1)} H(z^{-1}) \qquad (6-2-8)$$

于是有

$$H(z) = \frac{1}{2} \left[H(z) + z^{-(N-1)} H(z^{-1}) \right]$$

$$= \frac{1}{2} \sum_{n=0}^{N-1} h(n) \left[z^{-n} + z^{-(N-1)} z^{n} \right]$$

由于线性相位考虑的是系统频率响应函数，因此将 $z=e^{j\omega}$ 代入上式，得

$$H(e^{j\omega}) = \frac{1}{2} \sum_{n=0}^{N-1} h(n) \left[e^{-j\omega n} + e^{-j\omega(N-1)} e^{j\omega n} \right]$$

将上式右端提出系数 $e^{-j\omega\left(\frac{N-1}{2}\right)}$，则有

$$H(e^{j\omega}) = e^{-j\omega\left(\frac{N-1}{2}\right)} \sum_{n=0}^{N-1} h(n) \frac{1}{2} \left[e^{-j\omega\left(n+\frac{N-1}{2}\right)} + e^{j\omega\left(n-\frac{N-1}{2}\right)} \right]$$

根据欧拉公式，可得

$$H(\mathrm{e}^{j\omega}) = \mathrm{e}^{-j(\frac{N-1}{2})\omega} \sum_{n=0}^{N-1} h(n)\cos\left[(n-\frac{N-1}{2})\omega\right] \quad (6-2-9)$$

与式（6-2-2）相对照，得

$$H_r(\omega) = \sum_{n=0}^{N-1} h(n)\cos\left[(n-\frac{N-1}{2})\omega\right] \quad (6-2-10)$$

$$\theta(\omega) = -\frac{1}{2}(N-1)\omega \quad (6-2-11)$$

式（6-2-11）与式（6-2-3）有相同的形式，则该滤波器具有第一类线性相位特性，且

$$\alpha = \frac{N-1}{2} \quad (6-2-12)$$

充分性得证。

必要性：若滤波器满足第一类线性相位特性，将 $\theta(\omega) = -\alpha\omega$ 代入式（6-2-2）中，可得

$$H(\mathrm{e}^{j\omega}) = H_r(\omega)\mathrm{e}^{-j\alpha\omega} = \sum_{n=0}^{N-1} h(n)\mathrm{e}^{-j\omega n}$$

运用欧拉公式将上式展开，并由实部、虚部分别相等，得

$$H_r(\omega)\cos\alpha\omega = \sum_{n=0}^{N-1} h(n)\cos\omega n$$

$$H_r(\omega)\sin\alpha\omega = \sum_{n=0}^{N-1} h(n)\sin\omega n$$

将上述两式两端相除，得

$$\frac{\sin\alpha\omega}{\cos\alpha\omega} = \frac{\sum_{n=0}^{N-1} h(n)\sin\omega n}{\sum_{n=0}^{N-1} h(n)\cos\omega n}$$

即

$$\sin\alpha\omega \sum_{n=0}^{N-1} h(n)\cos\omega n = \cos\alpha\omega \sum_{n=0}^{N-1} h(n)\sin\omega n$$

移项并用三角函数公式化简得

$$\sum_{n=0}^{N-1} h(n)\sin\left[(n-\alpha)\omega\right] = 0$$

由于 $\sin[(n-\alpha)\omega]$ 是关于 $n=\alpha$ 奇对称的，所以要使上式恒成立，那么 $\alpha = \frac{N-1}{2}$，且 $h(n)$ 关于 $n=\alpha$ 偶对称，即 $h(n) = h(N-1-n)$。必要性得证。

第一类线性相位 FIR 数字滤波器的单位抽样响应函数和相位特性函数如图 6-2-2 所示。

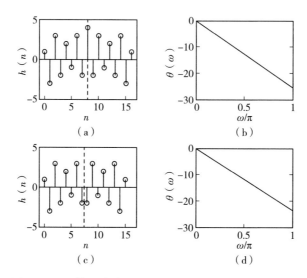

（a）

（b）

（c）

（d）

图 6-2-2　第一类线性相位 FIR 滤波器的相位特性函数

（a）N 为奇数的序列　　（b）N 为奇数的相位特性

（c）N 为偶数的序列　　（d）N 为偶数的相位特性

6. 2. 2. 2　第二类线性相位的条件

满足第二类线性相位的充分且必要条件是：$N-1$ 阶滤波器的单位抽样响应函数 $h(n)$ 是实数序列，且关于 $\alpha = \dfrac{N-1}{2}$ 奇对称，即

$$h(n) = -h(N-1-n) \qquad (6-2-13)$$

该证明过程与第一类线性相位证明过程类似，此时有

$$H(z) = -z^{-(N-1)} H(z^{-1}) \qquad (6-2-14)$$

$$H_r(\omega) = \sum_{n=0}^{N-1} h(n) \sin\left[\left(n - \frac{N-1}{2}\right)\omega\right] \qquad (6-2-15)$$

$$\theta(\omega) = -\frac{1}{2}(N-1)\omega - \frac{\pi}{2} \qquad (6-2-16)$$

$$\begin{cases} \alpha = \dfrac{N-1}{2} \\[2mm] \beta = -\dfrac{\pi}{2} \end{cases} \qquad (6-2-17)$$

第二类线性相位 FIR 数字滤波器的单位抽样响应函数和相位特性函数，如图 6-2-3 所示。

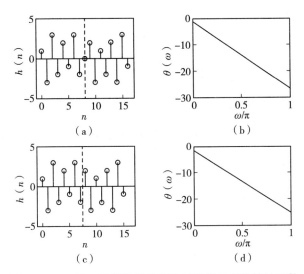

图 6 - 2 - 3　第二类线性相位 FIR 滤波器的相位特性函数

（a）N 为奇数的序列　　（b）N 为奇数的相位特性
（c）N 为偶数的序列　　（d）N 为偶数的相位特性

6.2.3　线性相位 FIR 滤波器的幅度特性

依据 $h(n)$ 是奇对称的还是偶对称的，以及其长度 N 取奇数还是取偶数，下面分四种情况对线性相位 FIR 滤波器幅度特性函数 $H_r(\omega)$ 的特性进行讨论。

6.2.3.1　$h(n)$ 为偶对称，N 取奇数

由式（6 - 2 - 10）可知，此时

$$H_r(\omega) = \sum_{n=0}^{N-1} h(n)\cos\left[(n-\frac{N-1}{2})\omega\right]$$

式中，$h(n)$ 和 $\cos\left[(n-\frac{N-1}{2})\omega\right]$ 都是关于 $n=\frac{N-1}{2}$ 偶对称的，所以 $H_r(\omega)$ 表达式中求和的各项 $h(n)\cos\left[(n-\frac{N-1}{2})\omega\right]$ 也是关于 $n=\frac{N-1}{2}$ 偶对称的。因此，可以将 $n=0$ 项与 $n=N-1$ 项、$n=1$ 项与 $n=N-2$ 项等两两合并，共有 $\frac{N-1}{2}$ 项，由于 N 为奇数，合并后余下中间一项 $h(\frac{N-1}{2})$，故幅度特性函数 $H_r(\omega)$ 可化简为

$$H_r(\omega) = h\left(\frac{N-1}{2}\right) + \sum_{n=0}^{\frac{N-3}{2}} 2h(n)\cos\left[(n-\frac{N-1}{2})\omega\right]$$

令 $n = \dfrac{N-1}{2} - m$，得

$$H_r(\omega) = h\left(\dfrac{N-1}{2}\right) + \sum_{m=1}^{\frac{N-1}{2}} 2h\left(\dfrac{N-1}{2} - m\right)\cos\omega m$$

上式可表示为

$$H_r(\omega) = \sum_{n=0}^{\frac{N-1}{2}} a(n)\cos\omega n \qquad\qquad (6-2-18)$$

式中，$a(0) = h\left(\dfrac{N-1}{2}\right)$，$a(n) = 2h\left(\dfrac{N-1}{2} - n\right)$，$n = 1$，$2$，$\cdots$，$\dfrac{N-1}{2}$。

由于 $\cos\omega n$ 关于 $\omega = 0$，π 偶对称，因此式（6-2-18）所表示的幅度特性函数 $H_r(\omega)$ 也关于 $\omega = 0$，π 偶对称，如图 6-2-4 所示。所以这种情况适合各种滤波器（低通、高通、带通、带阻滤波器）的设计。

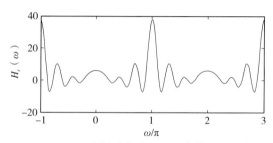

图 6-2-4　$h(n)$ 为偶对称时，N 取奇数的幅度特性函数

6.2.3.2　$h(n)$ 为偶对称，N 取偶数

此情况同样属于第一种线性相位，和前一种情况推导过程类似，$H_r(\omega)$ 表达式中求和的各项 $h(n)\cos\left[\left(n - \dfrac{N-1}{2}\right)\omega\right]$ 也是关于 $n = \dfrac{N-1}{2}$ 对称的。但由于 N 为偶数，在对 $H_r(\omega)$ 表达式中各项进行两两合并后，不存在中间项 $h\left(\dfrac{N-1}{2}\right)$，所有项均可两两合并，合并结果共有 $\dfrac{N}{2}$ 项，即

$$H_r(\omega) = \sum_{n=0}^{\frac{N}{2}-1} 2h(n)\cos\left[\left(n - \dfrac{N-1}{2}\right)\omega\right]$$

令 $n = \dfrac{N}{2} - m$ 进行变量代换，得

$$H_r(\omega) = \sum_{m=1}^{\frac{N}{2}} 2h\left(\dfrac{N}{2} - m\right)\cos\left[\left(m - \dfrac{1}{2}\right)\omega\right]$$

上式可表示为

$$H_r(\omega) = \sum_{n=1}^{\frac{N}{2}} b(n)\cos\left[\left(n-\frac{1}{2}\right)\omega\right] \qquad (6-2-19)$$

式中，$b(n) = 2h\left(\dfrac{N}{2}-n\right)$，$n=1, 2, 3, \cdots, \dfrac{N}{2}$。

式（6-2-19），中 $\cos\left[\left(n-\dfrac{N-1}{2}\right)\omega\right]$ 关于 $\omega=\pi$ 奇对称，关于 $\omega=0$ 偶对称，所以 $H_r(\omega)$ 也关于 $\omega=\pi$ 奇对称，关于 $\omega=0$ 偶对称，如图 6-2-5 所示，此时有

$$H_r(\omega)|_{\omega=\pi} = |H(\mathrm{e}^{\mathrm{j}\omega})||_{\omega=\pi} = H(z)|_{z=-1} = 0 \qquad (6-2-20)$$

式（6-2-20）和图 6-2-5 说明，$z=-1$ 是 $H(z)$ 的一个零点，滤波器在最高频率（$\omega=\pi$）处的增益为 0，所以这种情况不适合设计高频段通过的滤波器，如高通、带阻滤波器。

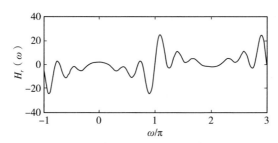

图 6-2-5　$h(n)$ 为偶对称时，N 取偶数的幅度特性函数

6.2.3.3　$h(n)$ 为奇对称，N 取奇数

由式（6-2-15）可知

$$H_r(\omega) = \sum_{n=0}^{N-1} h(n)\sin\left[\left(\frac{N-1}{2}-n\right)\omega\right]$$

式中，$h(n)$ 和 $\sin\left[\left(\dfrac{N-1}{2}-n\right)\omega\right]$ 都是关于 $n=\dfrac{N-1}{2}$ 奇对称的，所以 $H_r(\omega)$ 表达式中求和的各项 $h(n)\sin\left[\left(\dfrac{N-1}{2}-n\right)\omega\right]$ 是关于 $n=\dfrac{N-1}{2}$ 偶对称的。与 $h(n)$ 为偶对称，N 取奇数的合并方法类似，可得幅度特性函数 $H_r(\omega)$ 为

$$H_r(\omega) = h\left(\frac{N-1}{2}\right) + \sum_{n=0}^{\frac{N-3}{2}} 2h(n)\sin\left[\left(\frac{N-1}{2}-n\right)\omega\right]$$

又因为 $h(n)$ 为奇函数，所以中间项 $h\left(\dfrac{N-1}{2}\right)=0$，因此上式可化简为

$$H_r(\omega) = \sum_{n=0}^{\frac{N-3}{2}} 2h(n)\sin\left[\left(\frac{N-1}{2}-n\right)\omega\right]$$

令 $n=\dfrac{N-1}{2}-m$ 进行变量代换，得

$$H_r(\omega) = \sum_{m=1}^{\frac{N-1}{2}} 2h\left(\frac{N-1}{2}-m\right)\sin\omega\, m$$

上式同样可表示为

$$H_r(\omega) = \sum_{n=1}^{\frac{N-1}{2}} c(n)\sin\omega\, n \qquad (6-2-21)$$

式中，$c(n)=2h\left(\dfrac{N-1}{2}-n\right)$，$n=1$，$2$，$3$，$\cdots$，$\dfrac{N-1}{2}$。

由于 $\sin\omega n$ 关于 $\omega=0$，π 奇对称，所以 $H_r(\omega)$ 也关于 $\omega=0$，π 奇对称，如图 $6-2-6$ 所示，此时有

$$H_r(\omega)\big|_{\omega=0\,\omega=\pi} = \big|H(\mathrm{e}^{\mathrm{j}\omega})\big|_{\omega=0\,\omega=\pi} = \big|H(z)\big|_{z=\pm1} = 0$$
$$(6-2-22)$$

式 $(6-2-22)$ 和图 $6-2-6$ 说明，$z=\pm1$ 都是 $H(z)$ 的零点，滤波器在 $\omega=0$，π 处的增益都为 0，所以这种情况不适合设计低通、高通和带阻滤波器。

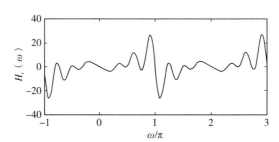

图 $6-2-6$　$h(n)$ 为奇对称，N 取奇数的幅度特性函数

6.2.3.4　$h(n)$ 为奇对称，N 取偶数

与 $h(n)$ 为奇对称，N 取奇数的情况类似，$h(n)\sin\left[\left(\dfrac{N-1}{2}-n\right)\omega\right]$ 关于 $n=\dfrac{N-1}{2}$ 偶对称，由于 N 为偶数，所以有

$$H_r(\omega) = \sum_{n=0}^{\frac{N}{2}-1} 2h(n)\sin\left[\left(\frac{N-1}{2}-n\right)\omega\right]$$

令 $n=\dfrac{N}{2}-m$ 进行变量代换，得

$$H_r(\omega) = \sum_{m=1}^{\frac{N}{2}} 2h\left(\frac{N}{2}-m\right)\sin\left[\left(m-\frac{1}{2}\right)\omega\right]$$

上式同样也可表示为

$$H_r(\omega) = \sum_{n=1}^{\frac{N}{2}} d(n)\sin\left[\left(n-\frac{1}{2}\right)\omega\right] \qquad (6-2-23)$$

式中，$d(n) = 2h\left(\frac{N}{2}-n\right)$，$n=1，2，3，\cdots，\frac{N}{2}$。

由于 $\sin\left[\left(n-\frac{1}{2}\right)\omega\right]$ 关于 $\omega=0$ 奇对称，关于 $\omega=\pi$ 偶对称，所以 $H_r(\omega)$ 也呈现同样的对称性，如图 6-2-7 所示。类似式（6-2-22），有

$$H_r(\omega)\big|_{\omega=0} = |H(e^{j\omega})|\big|_{\omega=0} = |H(z)|\big|_{z=1} = 0 \qquad (6-2-24)$$

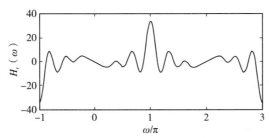

图 6-2-7　$h(n)$ 为奇对称，N 偶数的幅度特性函数

在这种情况下，$z=1$ 是 $H(z)$ 的一个零点，滤波器在 $\omega=0$ 处的增益为 0，所以不适合设计低通和带阻滤波器。

将线性相位 FIR 滤波器的单位抽样响应 $h(n)$、相位特性函数 $\theta(\omega)$ 及幅度特性函数 $H_r(\omega)$ 归纳于表 6-2-1。

表 6-2-1　线性相位 FIR 滤波器的特性

线性类型	情况	$h(n)$	N	$\theta(\omega)$	$H_r(\omega)$ $\omega=0$	$H_r(\omega)$ $\omega=\pi$	对应图
第一类	I	偶对称	奇数	$-\dfrac{N-1}{2}$	偶对称	偶对称	图 6-2-2 (a)、(b)，图 6-2-4
	II	偶对称	偶数	$-\dfrac{N-1}{2}$	偶对称	奇对称	图 6-2-2 (c)、(d)，图 6-2-5
第二类	III	奇对称	奇数	$-\dfrac{N-1}{2}-\dfrac{\pi}{2}$	奇对称	奇对称	图 6-2-3 (a)、(b)，图 6-2-6
	IV	奇对称	偶数	$-\dfrac{N-1}{2}-\dfrac{\pi}{2}$	奇对称	偶对称	图 6-2-3 (c)、(d)，图 6-2-7

6.2.4　线性相位 FIR 滤波器的零点分布

根据式（6-2-8）和式（6-2-14）可以得出线性相位 FIR 滤波器的系统函数满足下列关系

$$H(z) = \pm z^{-(N-1)} H(z^{-1}) \qquad (6-2-25)$$

如果 $z = z_i$ 是 $H(z)$ 的零点，即 $H(z)|_{z=z_i} = 0$，同样也可以写成 $H(z^{-1})|_{z=z_i^{-1}} = 0$，代入式（6-2-25）可以得到 $H(z)|_{z=z_i^{-1}} = 0$，说明 $z = \dfrac{1}{z_i}$ 也是 $H(z)$ 的零点，即 $H(z)$ 的零点呈倒数对形式出现。另外，由于 $h(n)$ 是实数序列，$H(z)$ 的零点又以共轭对的形式出现，因此，线性相位 FIR 滤波器的零点呈共轭倒易出现，也就是说若 $z = z_i$ 是 $H(z)$ 的零点，则 $z = \dfrac{1}{z_i}$，z_i^*，$\dfrac{1}{z_i^*}$ 也必然是其零点。

依据零点是否在单位圆和实轴上，零点位置可能有以下四种情况：

（1）z_i 为既不在实轴上又不在单位圆上的复数零点，则滤波器 $H(z)$ 的零点必然是互为倒数的两组共轭对，如图 6-2-8（a）所示。

（2）z_i 为在单位圆上，但不在实轴上的复数零点，则 $H(z)$ 零点的共轭与其倒数相同，即 $z_i^* = \dfrac{1}{z_i}$。此时，四个零点合为两个零点，如图 6-2-8（b）所示。

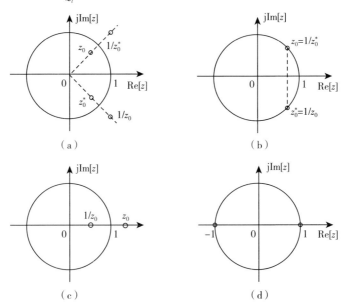

（a）　　　　　　　　　　　　　　（b）

（c）　　　　　　　　　　　　　　（d）

图 6-2-8　线性相位 FIR 滤波器的零点分布

（a）共轭倒易零点　　（b）一组共轭零点　　（c）一组倒数零点　　（d）两个独立的单零扇

（3）z_i 为在实轴上，但不在单位圆上的零点。此时，$H(z)$ 零点与其共轭零点相同，即 $z_i = z_i^*$，四个零点合为两个零点，如图 6-2-8（c）所示。

（4）z_i 为既在实轴上又在单位圆上的实数零点。此时，$H(z)$ 的四个零点合为一点。这只有 $z=-1$ 和 $z=1$ 两种可能，如图 6-2-8（d）所示。

图 6-2-8（d）中的零点分布情况与上一节分析的四种情况也存在对应关系：当 $h(n)$ 为偶对称、N 取偶数时，则 $H(z)$ 有单一零点 $z=-1$；当 $h(n)$ 为奇对称、N 取奇数时，则 $H(z)$ 有 $z=\pm1$ 两个零点；当 $h(n)$ 为奇对称、N 取偶数时，则 $H(z)$ 有单一零点 $z=1$。图 6-2-9 分别列出了上述三种情况，图 6-2-9（a）中 $h(n)=[0.5, 0.5]$，图 6-2-9（b）中 $h(n)=[0.5, -0.5]$，图 6-2-9（c）中 $h(n)=[0.5, 0, -0.5]$。

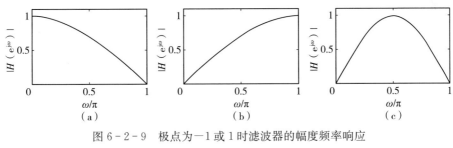

图 6-2-9　极点为 -1 或 1 时滤波器的幅度频率响应
（a）极点为 -1　（b）极点为 1　（c）极点为 -1 和 1

在实际设计滤波器时，应充分考虑 $h(n)$、$|H(e^{j\omega})|$ 和 $H(z)$ 的约束条件。

6.3　FIR 数字滤波器的窗函数设计法

窗函数设计法是一种常用的 FIR 线性相位数字滤波器设计方法，其基本思想是用 FIR 数字滤波器逼近所期望的理想滤波器特性。设理想滤波器的频率响应函数为 $H_d(e^{j\omega})$，对应的单位抽样响应为 $h_d(n)$。由于 $h_d(n)$ 为理想滤波器，所以是无限长非因果序列，因此需要选择合适的窗函数 $w(n)$ 对其进行截取和加权处理，从而得到 FIR 数字滤波器的单位抽样响应函数 $h(n)$。

6.3.1　设计方法

窗函数设计法需要先给定一个期望的理想滤波器的频率响应，下面以低通滤波器的设计过程进行介绍。

若一个理想低通滤波器的频率响应为

$$H_d(e^{j\omega}) = \begin{cases} e^{-j\omega\alpha}, & |\omega| \leqslant \omega_c \\ 0, & \omega_c < |\omega| \leqslant \pi \end{cases} \tag{6-3-1}$$

其幅频特性曲线如图 6-3-1（a）所示，所对应的单位抽样响应为

$$h_d(n) = \frac{1}{2\pi}\int_{-\omega_c}^{\omega_c} H_d(e^{j\omega}) e^{j\omega n} d\omega$$

$$= \frac{1}{2\pi}\int_{-\omega_c}^{\omega_c} e^{-j\omega\alpha} e^{j\omega n} d\omega$$

$$= \frac{\omega_c}{\pi} \frac{\sin[\omega_c(n-\alpha)]}{\omega_c(n-\alpha)} \qquad (6-3-2)$$

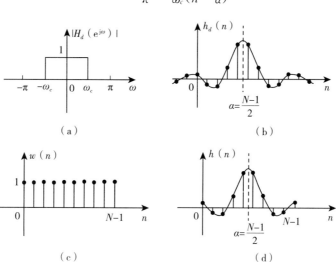

图 6-3-1　理想低通滤波器的响应及其加窗处理
（a）幅度频率响应　（b）单位抽样响应　（c）$w(n)$　（d）$h(n)$

如图 6-3-1（b）所示。显然，$h_d(n)$ 是一个无限长、非因果序列，且关于 $n=\alpha$ 偶对称。但由于 FIR 滤波器的单位抽样响应是有限长的，所以需要寻求一个有限长序列 $h(n)$ 来逼近 $h_d(n)$，最简便的方法就是运用矩形窗函数 $R_N(n)$ 对 $h_d(n)$ 进行截断处理（加窗处理），所用窗函数表达式如下。

$$w(n) = R_N(n) = \begin{cases} 1, 0 \leqslant n \leqslant N-1 \\ 0, 其他 \end{cases}$$

通过窗函数 $w(n)$ 与 $h_d(n)$ 的乘积来实现截断处理，所得的有限长序列 $h(n)$ 为

$$h(n) = h_d(n)w(n) = \begin{cases} h_d(n), 0 \leqslant n \leqslant N-1 \\ 0, 其他 \end{cases} \qquad (6-3-3)$$

按照线性相位的条件，$h(n)$ 要满足对 $n=\frac{N-1}{2}$ 的偶对称，所以要求 $\alpha=\frac{N-1}{2}$。$w(n)$ 及 $h(n)$ 如图 6-3-1（c）、（d）所示。

将式（6-3-2）代入式（6-3-3），并利用 $\alpha=\dfrac{N-1}{2}$，可得

$$h(n)=\begin{cases}\dfrac{\omega_c}{\pi}\dfrac{\sin\left[\omega_c(n-\dfrac{N-1}{2})\right]}{\omega_c(n-\dfrac{N-1}{2})},0\leqslant n\leqslant N-1\\0,\text{其他}\end{cases}$$

$$(6-3-4)$$

式（6-3-4）就是采用矩形窗设计得到的 FIR 滤波器的单位抽样响应。

由 $H_d(e^{j\omega})=\sum\limits_{n=-\infty}^{\infty}h_d(n)e^{-j\omega n}$ 看出，$h_d(n)$ 可以看作周期频率响应 $H_d(e^{j\omega})$ 的傅里叶级数的系数，所以窗函数法又称为傅里叶级数法。显然，选取傅里叶级数的项数越多，引起的误差就越小，但项数增多即 $h(n)$ 的长度增加，也使成本和体积增加，因此从性价比的角度出发，在满足技术要求的条件下，应尽量减小 $h(n)$ 的长度。

6.3.2 加窗处理对频谱性能的影响

窗函数法是采用窗函数对理想滤波器的单位抽样响应进行截断，信号的截断处理势必会造成频谱泄露，对于一个系统而言，表现为频率响应特性的拖尾。下面同样以矩形窗为例，分析加窗处理对频谱特性的影响。

在时域中 $h(n)=h_d(n)w(n)=h_d(n)R_N(n)$，依据傅里叶变换的性质（时域的乘积对应于频域的卷积），可得到加窗处理后 FIR 滤波器的频率响应函数 $H(e^{j\omega})$ 为

$$H(e^{j\omega})=\dfrac{1}{2\pi}[H_d(e^{j\omega})R_N(e^{j\omega})]=\dfrac{1}{2\pi}\int_{-\pi}^{\pi}H_d(e^{j\theta})R_N(e^{j(\omega-\theta)})d\theta$$

$$(6-3-5)$$

式中，$H_d(e^{j\omega})$、$R_N(e^{j\omega})$ 分别是理想滤波器的单位抽样响应 $h_d(n)$、矩形面 $R_N(n)$ 的傅里叶变换。可见，窗函数的频率特性 $R_N(e^{j\omega})$ 确实决定了 $H(e^{j\omega})$ 对 $H_d(e^{j\omega})$ 的逼近程度。

将 $H_d(e^{j\omega})$ 写成幅度特性函数和相位特性函数的形式为

$$H_d(e^{j\omega})=H_{dr}(\omega)e^{-j\alpha\omega}=H_{dr}(\omega)e^{-j\omega(\frac{N-1}{2})}\quad(6-3-6)$$

其中，幅度特性函数 $H_{dr}(\omega)$ 为

$$H_{dr}(\omega)=\begin{cases}1,|\omega|\leqslant\omega_c\\0,\omega_c<|\omega|\leqslant\pi\end{cases}$$

对于矩形窗函数 $R_N(n)$，其傅里叶变换 $R_N(e^{j\omega})$ 为

$$R_N(e^{j\omega}) = \sum_{n=-\infty}^{\infty} R_N(n)e^{-j\omega n} = \sum_{n=0}^{N-1} e^{-j\omega n} = e^{-j\omega(\frac{N-1}{2})} \frac{\sin\frac{\omega N}{2}}{\sin\frac{\omega}{2}} = R_{Nr}(\omega)e^{-j\omega(\frac{N-1}{2})}$$

$$(6-3-7)$$

其中，幅度特性函数为

$$R_{Nr}(\omega) = \frac{\sin\frac{\omega N}{2}}{\sin\frac{\omega}{2}}$$

$R_{Nr}(\omega)$ 的波形如图 6-3-2 所示，是一种逐渐衰减函数，原点右侧的第一个零点在 $\omega=\frac{2\pi}{N}$ 等处，原点左侧的第一个零点在 $\omega=-\frac{2\pi}{N}$ 等处，两零点之间的区间称为 $R_{Nr}(\omega)$ 的主瓣，主瓣宽度为 $\frac{4\pi}{N}$；在主瓣两侧则有无数多个幅度逐渐衰减的旁瓣，区间 $\left[\frac{2\pi}{N}, \frac{4\pi}{N}\right]$ 为第一旁瓣，所有旁瓣宽度均为 $\frac{2\pi}{N}$。

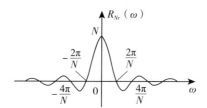

图 6-3-2 矩形窗的幅度特性函数

将式 (6-3-6)、式 (6-3-7) 代入式 (6-3-5) 中，得

$$H(e^{j\omega}) = \frac{1}{2\pi}\int_{-\pi}^{\pi} H_{dr}(\theta)e^{-j\theta(\frac{N-1}{2})}R_{Nr}(\omega-\theta)e^{-j(\omega-\theta)(\frac{N-1}{2})}d\theta$$

$$= e^{-j\omega(\frac{N-1}{2})}\frac{1}{2\pi}\int_{-\pi}^{\pi} H_{dr}(\theta)R_{Nr}(\omega-\theta)d\theta$$

$$= H_r(\omega)e^{-j\omega(\frac{N-1}{2})}$$

$$(6-3-8)$$

由式 (6-3-8) 可见，$H(e^{j\omega})$ 同样具有线性相位，其幅度特性函数 $H_r(\omega)$ 为

$$H_r(\omega) = \frac{1}{2\pi}\int_{-\pi}^{\pi} H_{dr}(\theta)R_{Nr}(\omega-\theta)d\theta = \frac{1}{2\pi}\int_{-\omega_c}^{\omega_c} R_{Nr}(\omega-\theta)d\theta$$

$$(6-3-9)$$

式 (6-3-9) 的卷积过程可用图 6-3-3 的几个特殊频率点来说明，应特别注意幅度特性函数 $H_r(\omega)$ 的波动情况。

(1) 当 $\omega=0$ 时，$R_{Nr}(\omega-\theta)$ 波形如图 6-3-3 (b) 所示，此时有

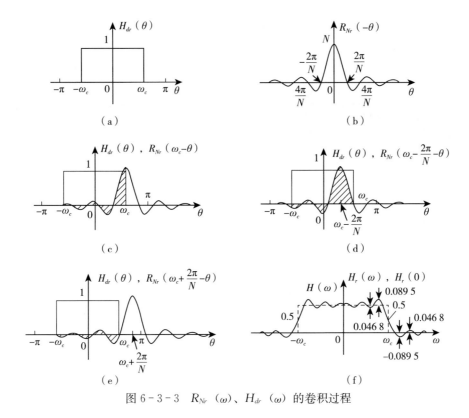

图 6 - 3 - 3　R_{Nr}（ω）、H_{dr}（ω）的卷积过程

$$H_r(0) = \frac{1}{2\pi}\int_{-\omega_c}^{\omega_c} R_{Nr}(-\theta)\,\mathrm{d}\theta = \frac{1}{2\pi}\int_{-\omega_c}^{\omega_c} R_{Nr}(\theta)\,\mathrm{d}\theta$$

在通常情况下 $\omega_c \geqslant \dfrac{2\pi}{N}$，在积分区间 $[-\omega_c，\omega_c]$ 之外，R_{Nr}（ω）的旁瓣幅度已经很小了，所以 H_r（0）可近似看作 θ 从 $-\pi$ 到 π 的 R_{Nr}（θ）的全部积分面积。

（2）当 $\omega = \omega_c$ 时，R_{Nr}（$\omega - \theta$）的波形如图 6 - 3 - 3（c）所示，R_{Nr}（$\omega - \theta$）有一半主瓣在积分区间 $[-\omega_c，\omega_c]$ 之内，积分面积为 H_r（0）的一半，即

$$H_r(\omega_c) = \frac{1}{2\pi}\int_{-\omega_c}^{\omega_c} R_{Nr}(\omega_c - \theta)\,\mathrm{d}\theta \approx 0.5 H_r(0)$$

（3）当 $\omega = \omega_c - \dfrac{2\pi}{N}$ 时，R_{Nr}（$\omega - \theta$）的波形如图 6 - 3 - 3（d）所示，R_{Nr}（$\omega - \theta$）的主瓣完全在积分区间 $[-\omega_c，\omega_c]$ 之内，积分面积最大，为

$$H_r\left(\omega_c - \frac{2\pi}{N}\right) = \frac{1}{2\pi}\int_{-\omega_c}^{\omega_c} R_{Nr}\left(\omega_c - \frac{2\pi}{N} - \theta\right)\mathrm{d}\theta \approx 1.089\,5 H_r(0)$$

此时，幅度特性函数 H_r（ω）出现正肩峰。

（4）当 $\omega = \omega_c + \dfrac{2\pi}{N}$ 时，$R_{Nr}(\omega - \theta)$ 的波形如图 6 - 3 - 3（e）所示，$R_{Nr}(\omega - \theta)$ 的主瓣完全移出积分区间 $[-\omega_c, \omega_c]$，积分面积最小为

$$H_r\left(\omega_c + \frac{2\pi}{N}\right) = \frac{1}{2\pi}\int_{-\omega_c}^{\omega_c} R_{Nr}\left(\omega_c + \frac{2\pi}{N} - \theta\right)\mathrm{d}\theta \approx -0.0895 H_r(0)$$

此时，幅度特性函数 $H_r(\omega)$ 出现负肩峰。其实，（3）和（4）的结果相加即为 $H_r(0)$。

（5）当 $\omega > \omega_c + \dfrac{2\pi}{N}$ 时，$R_{Nr}(\omega - \theta)$ 的左侧旁瓣扫过积分区间 $[-\omega_c, \omega_c]$，因此，$H_r(\omega)$ 围绕零值上下波动；当 $\omega < \omega_c - \dfrac{2\pi}{N}$ 时，$R_{Nr}(\omega - \theta)$ 的左、右侧旁瓣扫过积分区间 $[-\omega_c, \omega_c]$，因此，$H_r(\omega)$ 围绕 $H_r(0)$ 上下波动。

卷积结果 $H_r(\omega)$，即加窗处理后所得到的 FIR 滤波器的幅度特性如图 6 - 3 - 3（f）所示。从图 6 - 3 - 3（f）可以看出，$H_r(\omega)$ 与 $H_{dr}(\omega)$ 存在一定的误差，具体主要表现在以下两个方面：

（1）在 $\omega = \omega_c$ 附近使理想频率特性的不连续边沿加宽，形成一个过渡区间，其宽度等于 $R_{Nr}(\omega)$ 的主瓣宽度 $\dfrac{4\pi}{N}$。注意：这里的过渡区间是指两个肩峰之间的区间，并不是滤波器的过渡带，滤波器的过渡带比主瓣宽度 $\dfrac{4\pi}{N}$ 要小一些。

（2）在截止频率 ω_c 的两侧 $\omega = \omega_c \pm \dfrac{2\pi}{N}$ 处（过渡区间两侧），$H_r(\omega)$ 出现正肩峰和负肩峰。肩峰的两侧形成起伏振荡，其振荡幅度取决于旁瓣的相对幅度，而振荡的快慢，则取决于 $R_{Nr}(\omega)$ 波动的快慢。需要注意的是，由于 $R_{Nr}(\omega - \theta)$ 的对称性，$H_r(\omega)$ 在 ω_c 附近也是近似对称的，因而 ω_c 两侧的正肩峰幅度与负肩峰幅度是相同的。

若增加截取长度 N，则窗函数主瓣附近的幅度响应为

$$R_{Nr}(\omega) = \frac{\sin\left(\frac{\omega N}{2}\right)}{\sin\frac{\omega}{2}} \approx \frac{\sin\left(\frac{\omega N}{2}\right)}{\frac{\omega}{2}} = N\frac{\sin x}{x}$$

式中，$x = \dfrac{\omega N}{2}$。可见 N 只能改变窗谱（窗的幅度特性函数）的主瓣和旁瓣宽度、主瓣和旁瓣幅度，但不能改变主瓣与旁瓣的相对比例。这个相对比例是由 $\dfrac{\sin x}{x}$ 决定的，也就是说，是由矩形窗函数的形状决定的。图 6 - 3 - 4 给出了 $N = 11, 21, 51$ 时三种矩形窗函数的幅度特性。

分析图 6-3-4，主瓣宽度确实与 N 成反比，但 N 并不影响最大旁瓣与主瓣的相对值，在这三种情况下，该值总是约为 13dB。因而，当截取长度 N 增大时，只会使主瓣宽度 $\dfrac{4\pi}{N}$ 减小，从而使所设计的滤波器过渡带宽减小、起伏振荡变快，而不会改变其肩峰的相对值。在矩形窗情况下，最大肩峰值总是为 8.95%，这种现象称为吉布斯（Gibbs）效应。由于吉布斯效应的存在，影响了 $H_r(\omega)$ 通带的平坦和阻带的衰减，对滤波器的性能影响很大。经矩形窗处理后的滤波器阻带最小衰减只有 21dB 左右，这在一定程度上限制了矩形窗在实际工程中的应用。

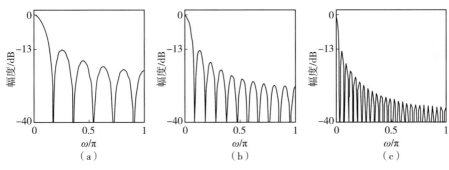

图 6-3-4　N 不同时矩形面的幅度特性

（a）N=11　　（b）N=21　　（c）N=51

6.3.3　典型窗函数

由上述分析过程可以看出，$H_r(\omega)$ 与 $H_r(\omega)$ 的差异主要是矩形窗 $R_N(n)$ 的截断引起的。为了获得较好的通带最大衰减和阻带最小衰减的频率特性，只能改变窗函数的形状，从式（6-3-9）的卷积形式看出，只有当窗谱逼近冲激函数时，相当于窗的宽度为无限长，$H_r(\omega)$ 才会很好地逼近 $H_r(\omega)$，但实际上这是不可能实现的。

在采用窗函数进行截断时，一般希望窗函数满足两项要求：

①主瓣尽可能窄，以获得较陡的过渡带。

②最大旁瓣相对于主瓣尽可能小，即能量尽量集中在主瓣中。

这样，就可以降低肩峰、减小振荡、提高阻带衰减。但上述两项要求是矛盾的，不可能同时达到最佳，常用的窗函数是这两个因素的适当折中。

为了定量地分析比较各种窗函数的性能，我们定义以下几个窗函数参数：

①最大旁瓣峰值 δ_n，它是指窗函数的幅频响应函数取对数 $20\lg|W(e^{j\omega})/W(0)|$ 后的值，单位为分贝（dB）。

②主瓣宽度 ω_{main}，它是指窗函数频谱的主瓣宽度。

③过渡带宽 $\Delta\omega$，它是指 FIR 滤波器的过渡带宽，即通带截止频率与阻带截止频率之差。

④阻带最小衰减 δ_{st}，它是指用窗函数设计得到的 FIR 滤波器的阻带最小衰减，单位为分贝（dB）。

下面介绍几种典型的常用窗函数的时域、频域表达式及相关波形。

6.3.3.1 矩形窗（Boxcar）

矩形窗的表达式如下。

$$w(n) = R_N(n) = \begin{cases} 1, 0 \leqslant n \leqslant N-1 \\ 0, 其他 \end{cases}$$

其其傅里叶变换为

$$W(e^{j\omega}) = R_N(e^{j\omega}) = e^{-j\omega(\frac{N-1}{2})} \frac{\sin(\frac{\omega N}{2})}{\frac{\omega}{2}} = R_{Nr}(\omega)e^{-j\omega(\frac{N-1}{2})}$$

对应的窗谱为

$$W_r(\omega) = R_{Nr}(\omega) = \frac{\sin(\frac{\omega N}{2})}{\frac{\omega}{2}}$$

图 6-3-5 给出了 $N=21$ 时矩形窗的时域波形、幅度频谱及理想低通滤波器（$\omega_c = \frac{\pi}{2}$）经矩形窗处理后所得滤波器的单位抽样响应、幅频响应。根据

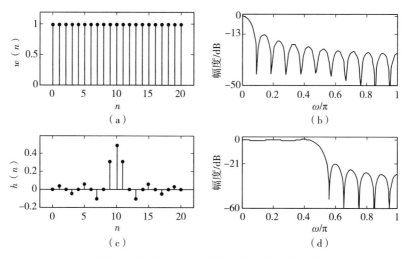

图 6-3-5 矩形窗及其加窗处理后的滤波器

（a）矩形窗的时域波形　（b）矩形窗的幅度频谱

（c）滤波器的单位抽样响应　（d）滤波器的幅频响应

矩形窗的窗谱可以计算出 $\delta_n = -13\text{dB}$，$\omega_{\text{main}} = \dfrac{4\pi}{N}$，根据滤波器的特性，可以

得出所设计滤波器的 $\Delta\omega = \dfrac{1.8\pi}{N}$，$\delta_{st} = 21\text{dB}$。

6.3.3.2　巴特利特窗（Bartlett）

巴特利特窗又称三角窗。由于矩形窗从 0 到 1 和从 1 到 0 的突变（时域值），造成了吉布斯效应。Bartlett 提出了一种逐渐变化的三角窗，它是两个矩形窗的卷积，时域定义式为

$$w(n) = \begin{cases} \dfrac{2n}{N-1}, & 0 \leqslant n \leqslant \dfrac{N-1}{2} \\ 2 - \dfrac{2n}{N-1}, & \dfrac{N-1}{2} < n \leqslant N-1 \end{cases} \quad (6-3-10)$$

其傅里叶变换为

$$W(\text{e}^{j\omega}) = \frac{2}{N-1}\left\{ \frac{\sin\left(\left(\dfrac{(N-1)\omega}{4}\right)\right)}{\sin\left(\dfrac{\omega}{2}\right)} \right\}^2 \text{e}^{-j\left(\frac{N-1}{2}\right)\omega} \quad (6-3-11)$$

对应的窗谱为

$$W_r(\omega) = \frac{2}{N-1}\left\{ \frac{\sin\left(\dfrac{(N-1)\omega}{4}\right)}{\sin\left(\dfrac{\omega}{2}\right)} \right\}^2 \quad (6-3-12)$$

图 6-3-6 为 $N=21$ 时，三角窗及其加窗处理后的滤波器。三角窗的 $\delta_n =$

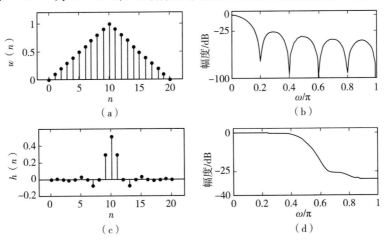

图 6-3-6　三角窗及其加窗处理后的滤波器

(a) 三角窗的时域波形　　(b) 三角窗的幅度频谱

(c) 滤波器的单位抽样响应　　(d) 滤波器的幅频响应

-25dB，$\omega_{\text{main}} = \dfrac{8\pi}{N}$，理想低通滤波器采用三角窗处理所得滤波器的 $\Delta\omega =$

$\dfrac{4.2\pi}{N}$，$\delta_{st} = 25\text{dB}$。与矩形窗相比，其最大旁瓣峰值 δ_n 降低了很多，所得滤波器阻带的最小衰减 δ_{st} 性能也有所改善，但这都是以主瓣宽度 ω_{main}、过渡带宽 $\Delta\omega$ 加宽为代价的。

6.3.3.3　汉宁窗（Hanning）

汉宁窗又称升余弦窗，其时域定义式为

$$w(n) = 0.5\left[1 - \cos\left(\frac{2\pi n}{N-1}\right)\right]R_N(n) \qquad (6-3-13)$$

依据欧拉公式和傅里叶变换的调制性质，可得

$$\text{DTFT}\left[\cos\left(\frac{2\pi n}{N-1}\right)R_N(n)\right] = R_N\left[\mathrm{e}^{\mathrm{j}(\omega - \frac{2\pi}{N-1})} + R_N\mathrm{e}^{\mathrm{j}(\omega + \frac{2\pi}{N-1})}\right]$$

所以有

$$W(\mathrm{e}^{\mathrm{j}\omega}) = \left\{0.5R_{Nr}(\omega) + 0.25\left[R_{Nr}\left(\omega - \frac{2\pi}{N-1}\right) + R_{Nr}\left(\omega + \frac{2\pi}{N-1}\right)\right]\right\}\mathrm{e}^{-\mathrm{j}(\frac{N-1}{2})\omega}$$
$$= W_r(\omega)\mathrm{e}^{-\mathrm{j}(\frac{N-1}{2})\omega} \qquad (6-3-14)$$

窗谱为

$$W_r(\omega) = 0.5R_{Nr}(\omega) + 0.25\left[R_{Nr}\left(\omega - \frac{2\pi}{N-1}\right) + R_{Nr}\left(\omega + \frac{2\pi}{N-1}\right)\right]$$
$$(6-3-15)$$

式（6-3-15）说明，幅度特性函数由三部分求和得到，三个分量相加时，旁瓣相互抵消，从而使能量更集中在 $W_r(\omega)$ 的主瓣，造成旁瓣减小、主瓣加宽。此时，$\delta_n = -31\text{dB}$，$\omega_{\text{main}} = \dfrac{8\pi}{N}$，$\Delta\omega = \dfrac{6.2\pi}{N}$，$\delta_{st} = 44\text{dB}$。当 $N = 21$ 时，汉宁窗及其加窗处理后的滤波器如图 6-3-7 所示。

6.3.3.4　汉明窗（Hamming）

对升余弦窗定义式中的系数 0.5 略作改变，就得到了汉明窗，又称改进的升余弦窗。这种窗函数可以得到旁瓣更小的改进效果，其时域的定义式、傅里叶变换和窗谱分别为

$$w(n) = \left[0.54 - 0.46\cos\left(\frac{2\pi n}{N-1}\right)\right]R_N(n) \qquad (6-3-16)$$

$$W(\mathrm{e}^{\mathrm{j}\omega}) = \left\{0.54R_{Nr}(\omega) + 0.23\left[R_{Nr}\left(\omega - \frac{2\pi}{N-1}\right) + R_{Nr}\left(\omega + \frac{2\pi}{N-1}\right)\right]\right\}\mathrm{e}^{-\mathrm{j}(\frac{N-1}{2})\omega}$$
$$= W_r(\omega)\mathrm{e}^{-\mathrm{j}(\frac{N-1}{2})\omega} \qquad (6-3-17)$$

$$W_r(\omega) = 0.54R_{Nr}(\omega) + 0.23\left[R_{Nr}\left(\omega - \frac{2\pi}{N-1}\right) + R_{Nr}\left(\omega + \frac{2\pi}{N-1}\right)\right]$$
$$(6-3-18)$$

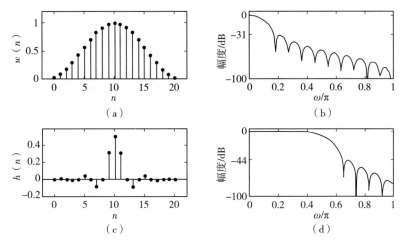

图 6 - 3 - 7 汉宁窗及其加窗处理后的滤波器

（a）汉宁窗的时域波形 （b）汉宁窗的幅度频谱

（c）滤波器的单位抽样响应 （d）滤波器的幅频响应

此时，$\delta_n = -41\mathrm{dB}$，$\omega_{\mathrm{main}} = \dfrac{8\pi}{N}$，$\Delta\omega = \dfrac{6.6\pi}{N}$，$\delta_{st} = 53\mathrm{dB}$。图 6 - 3 - 8 是长度为 $N=21$ 的汉明窗及其加窗处理后的滤波器。

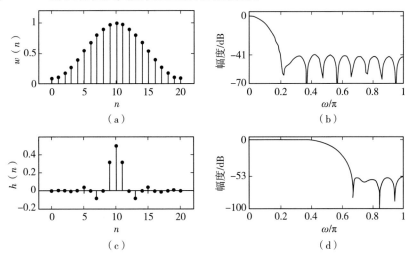

图 6 - 3 - 8 汉明窗及其加窗处理后的滤波器

（a）汉明窗的时域波形 （b）汉明窗的幅度频谱

（c）滤波器的单位抽样响应 （d）滤波器的幅频响应

可见，长度相同时，三角窗、汉宁窗和汉明窗的主瓣宽度均为 $\dfrac{8\pi}{N}$，汉明窗的旁瓣最低，主瓣内的能量可达 99.63%，所设计滤波器的阻带衰减最大，为 53dB。

6.3.3.5 布莱克曼窗（Blackman）

由于布莱克曼窗是在升余弦窗的定义式中再加上一个二次谐波的余弦分量得到的，故又称二阶升余弦窗。它可达到进一步抑制旁瓣的效果，其时域定义式为

$$w(n) = \left[0.42 - 0.5\cos\left(\frac{2\pi n}{N-1}\right) + 0.08\cos\left(\frac{4\pi n}{N-1}\right) \right] R_N(n)$$

$$(6-3-19)$$

傅里叶变换为

$$W(e^{j\omega}) = \left\{ 0.42R_{Nr}(\omega) + 0.25\left[R_{Nr}\left(\omega - \frac{2\pi}{N-1}\right) + R_{Nr}\left(\omega + \frac{2\pi}{N-1}\right) \right] + \right.$$

$$\left. 0.04\left[R_{Nr}\left(\omega - \frac{4\pi}{N-1}\right) + R_{Nr}\left(\omega + \frac{4\pi}{N-1}\right) \right] \right\} e^{-j\left(\frac{N-1}{2}\right)\omega}$$

$$= W_r(\omega) e^{-j\left(\frac{N-1}{2}\right)\omega} \qquad (6-3-20)$$

其窗谱为

$$W(e^{j\omega}) = 0.42R_{Nr}(\omega) + 0.25\left\{ \left[R_{Nr}\left(\omega - \frac{2\pi}{N-1}\right) + R_{Nr}\left(\omega + \frac{2\pi}{N-1}\right) \right] + \right.$$

$$\left. 0.04\left[R_{Nr}\left(\omega - \frac{4\pi}{N-1}\right) + R_{Nr}\left(\omega + \frac{4\pi}{N-1}\right) \right] \right\} \qquad (6-3-21)$$

此时，$\delta_n = -57\text{dB}$，$\omega_{\text{main}} = \frac{12\pi}{N}$，$\Delta\omega = \frac{11\pi}{N}$，$\delta_{st} = 74\text{dB}$。图 6-3-9 是长

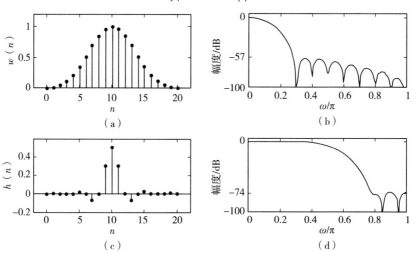

图 6-3-9 布莱克曼窗及其加窗处理后的滤波器

（a）布莱克曼窗的时域波形 （b）布莱克曼窗的幅度频谱

（c）滤波器的单位抽样响应 （d）滤波器的幅频响应

度为 $N=21$ 的布莱克曼窗及其加窗处理后的滤波器。

可以看出，布莱克曼窗在主瓣加宽（为矩形窗的 3 倍）的同时，最大旁瓣得到了有效抑制。表 6-3-1 列出了上述 5 种窗函数的特性。

表 6-3-1　5 种窗函数的特性

窗函数	窗函数频谱性能		加窗后的 FIR 滤波器性能	
	最大旁瓣峰值 δ_n	主瓣宽度 ω_{main}	过渡带宽 $\Delta\omega$	阻带最小衰减 δ_{st}
矩形窗	-13dB	$\dfrac{4\pi}{N}$	$\dfrac{1.8\pi}{N}$	21dB
三角窗	-25dB	$\dfrac{8\pi}{N}$	$\dfrac{4.2\pi}{N}$	25dB
汉宁窗	-31dB	$\dfrac{8\pi}{N}$	$\dfrac{6.2\pi}{N}$	44dB
汉明窗	-41dB	$\dfrac{8\pi}{N}$	$\dfrac{6.6\pi}{N}$	53dB
布莱克曼窗	-57dB	$\dfrac{12\pi}{N}$	$\dfrac{11\pi}{N}$	74dB

6.3.3.6　凯塞窗（Kalser）

凯塞窗是一组由零阶贝塞尔函数构成的、参数可调的窗函数，其时域定义式为

$$w(n) = \frac{I_0\left(\beta\sqrt{1-(1-\dfrac{2n}{N-1})^2}\right)}{I_0(\beta)} R_N(n) \quad (6-3-22)$$

式中，$I_0(x)$ 是第一类修正零阶贝塞尔函数，β 是一个可调整的参数。在设计凯塞窗时，对 $I_0(x)$ 函数可采用无穷级数来表达，即

$$I_0(x) = \sum_{k=0}^{\infty}\left[\frac{1}{k!}(\frac{x}{2})^k\right]^2 \quad (6-3-23)$$

式（6-3-23）的无穷级数可用有限项级数近似，项数多少由要求的精度来确定，一般取 $15\sim25$ 项。这样就可以很容易地用计算机求解。第一类零阶贝塞尔函数曲线如图 6-3-10 所示。

与前述的窗函数不同，凯塞窗函数有两个参数：长度参数 N 和形状参数 β。改变 N 和 β 的值就可以调整窗的形状和长度，从而达到窗的主瓣宽度和旁瓣幅度之间的某种折中。图 6-3-11 (a) 给出了 $N=21$，$\beta=0$、3、8 时凯塞窗的时域信号；图 6-3-11 (b) 给出了 $N=21$，$\beta=0$、3、8 时凯塞窗的幅频特性；图

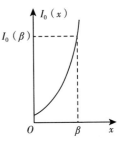

图 6-3-10　第一类零阶贝塞尔函数曲线

6-3-11（c）给出了 $\beta=8$，$N=11$、21、41 时的幅频特性。

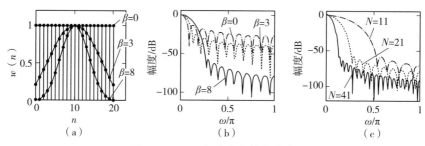

图 6-3-11　凯塞窗的特性曲线

（a）不同 β 时的时域窗　（b）不同 β 时的幅频特性　（c）不同 N 时的幅频特性

由图 6-3-11 可以看出，通过选择不同的 β、N 值可以达到所需要的折中：若保持 N 不变时，β 越大，窗的两端越尖，则其幅度频谱的旁瓣就越低，但主瓣也越宽；若保持 β 不变，而增大 N 可使主瓣越窄，且不影响旁瓣峰值。随着 β 值的改变，凯塞窗相当于前述典型的固定窗函数，如 $\beta=0$ 时相当于矩形窗，$\beta=5.44$ 时接近于布莱克曼窗，$\beta=8.5$ 时接近于汉明窗。β 一般在 $4\leqslant\beta\leqslant9$ 范围内取值，不同的 β 值，对应的低通滤波器性能指标如表 6-3-2 所示。

表 6-3-2　不同 β 值对应的低通滤波器性能指标

β	过渡带宽 $\Delta\omega$	阻带最小衰减 δ_{st}	β	过渡带宽 $\Delta\omega$	阻带最小衰减 δ_{st}
2.120	$3.00\pi/N$	30dB	6.764	$8.64\pi/N$	70dB
3.384	$4.46\pi/N$	40dB	7.865	$10.0\pi/N$	80dB
4.538	$5.86\pi/N$	50dB	8.960	$11.47\pi/N$	90dB
5.658	$7.24\pi/N$	60dB	10.056	$12.8\pi/N$	100dB

由于涉及贝塞尔函数的复杂性，凯塞窗函数的设计方程不容易导出。在实际设计过程中，可以根据凯塞已经导出的经验设计公式，给定低通滤波器的通带截止频率 ω_p、阻带截止频率 ω_{st} 及阻带最小衰减 δ_{st}，依据式（6-3-24）求解参数 N 和 β，有

$$N=\frac{\delta_{st}-7.95}{2.285(\omega_{st}-\omega_p)}+1 \qquad (6-3-24)$$

$$\beta=\begin{cases} 0.110\,2(\delta_{st}-8.7),\delta_{st}>50 \\ 0.584\,2(\delta_{st}-21)^{0.4}+0.078\,86(\delta_{st}-21),21\leqslant\delta_{st}\leqslant50 \\ 0,\delta_{st}<21 \end{cases}$$

$$(6-3-25)$$

6.4　频率抽样设计法

窗函数法是在时域内对 $h_d(n)$ 进行加窗处理得到 $h(n)$，以 $h(n)$ 来逼近 $h_d(n)$，这样得到的频率响应 $H(e^{j\omega})$ 就逼近理想的频率响应 $H_d(e^{j\omega})$；而频率抽样设计法则是在频域内，以有限个频率响应抽样，去近似所希望的理想频率响应 $H_d(e^{j\omega})$。

设所希望得到的频率响应为 $H_d(e^{j\omega})$，则 $H(k)$ 是频域在 $\omega=0\sim2\pi$ 之间对 $H_d(e^{j\omega})$ 的 N 点进行等间隔抽样。一般有两种抽样方式，第一种频率抽样方式是以 $\omega=\dfrac{2\pi}{N}k$（$0\leqslant k\leqslant N-1$）进行抽样，第一个频率抽样点在 $\omega=0$ 处；第二种抽样方式是以 $\omega=\dfrac{2\pi}{N}\left(k+\dfrac{1}{2}\right)$（$0\leqslant k\leqslant N-1$）进行抽样，第一个频率抽样点在 $\omega=\dfrac{2\pi}{N}$ 处。这里主要介绍第一种频率抽样方式。

6.4.1　设计方法

设 $h(n)$ 是一个 N 点 FIR 滤波器的单位抽样响应，$H(z)$ 是该滤波器的系统函数，$H(k)$ 是 $h(n)$ 的 N 点 DFT。由频域抽样理论有

$$H(z)=\frac{1}{N}\sum_{k=0}^{N-1}H(k)\frac{1-z^{-N}}{1-W_N^{-k}z^{-1}} \qquad (6-4-1)$$

$$H(e^{j\omega})=\sum_{k=0}^{N-1}H(k)\phi\left(\omega-\frac{2\pi}{N}k\right) \qquad (6-4-2)$$

式（6-4-2）中 $\phi(\omega)=\dfrac{1}{N}\dfrac{\sin\left(\dfrac{\omega N}{2}\right)}{\sin\left(\dfrac{\omega}{2}\right)}e^{-j\omega\left(\frac{N-1}{2}\right)}$ 为内插函数。由于 $H(k)$ 是 $H(z)$ 在单位圆上的采样，所以有

$$H(k)=H(e^{j\frac{\pi}{2}k})=\begin{cases}H(0),k=0\\ H^*(N-k),k=1,2,\cdots,N-1\end{cases}$$

$$(6-4-3)$$

将式（6-4-3）写成幅度和相位的形式

$$H(k)=H_ke^{j\phi_k}=H_r(\omega)e^{j\theta(\omega)}\big|_{\omega=\frac{2\pi k}{N}}=H_r\left(\frac{2\pi k}{N}\right)e^{j\theta\left(\frac{2\pi k}{N}\right)}$$

$$(6-4-4)$$

式中，$H_k=H_r\left(\dfrac{2\pi k}{N}\right)$，可正可负；$\phi_k=\theta(\omega)\big|_{\omega=\frac{2\pi k}{N}}$。

设计线性相位 FIR 滤波器时，$H(k)$ 的幅度和相位一定要满足表 6-2-1 中归纳的约束条件。下面针对表 6-2-1 的情况进行讨论：

（1）第一类线性相位时，满足 $\theta(\omega) = -\dfrac{N-1}{2}\omega$，所以有

$$\phi_k = -\omega \frac{N-1}{2}\bigg|_{\omega=\frac{2\pi k}{N}} = -\frac{N-1}{N}k\pi \qquad (6-4-5)$$

（2）第二类线性相位时，满足 $\theta(\omega) = -\dfrac{\pi}{2} - \dfrac{N-1}{2}\omega$，所以有

$$\phi_k = -\frac{\pi}{2} - \frac{N-1}{N}k\pi \qquad (6-4-6)$$

（3）对于表 6-2-1 中的情况 I 和情况 IV，此时幅度函数关于 $\omega=\pi$ 偶对称，即 $H_r(\omega) = H_r(2\pi-\omega)$，所以有

$$H_k = H_r(\frac{2\pi k}{N}) = H_r(2\pi - \frac{2\pi k}{N}) = H_r\left[\frac{2\pi}{N}(N-k)\right] = H_{N-k}$$
$$(6-4-7)$$

式（6-4-7）中 H_N 即为 H_0。

（4）对于表 6-2-1 中的情况 II 和情况 III，此时幅度函数关于 $\omega=\pi$ 奇对称，即 $H_r(\omega) = -H_r(2\pi-\omega)$，做上述的类似推导，得

$$H_k = -H_{N-k} \qquad (6-4-8)$$

当 N 为偶数时 $H_{N/2}=0$。

另外，根据式（6-4-3）也可以得到以下关系

$$\begin{cases} H_k = H_{N-k} \\ \phi_k = -\phi_{N-k} \end{cases}, k=0,1,\cdots,\frac{N-1}{2} \qquad (6-4-9)$$

根据式（6-4-9）和式（6-4-5）或式（6-4-6）就能确定出 $H(k)$、ϕ_k，最后可以利用内插公式（6-4-2）来求得所设计的实际滤波器的频率响应 $H(e^{j\omega})$。

例如，设计所希望的滤波器是理想低通滤波器，要求截止频率为 ω_c，抽样点数 N 为奇数，FIR 滤波器满足第一类线性相位，则 H_k、ϕ_k 可以由下列公式计算：

$$\begin{cases} H_k = H_{N-k} = 1, k=0,1,\cdots,k_c \\ H_k = H_{N-k} = 0, k=k_c+1, k_c+2, \cdots, \dfrac{N-1}{2} \\ \phi_k = -\phi_{N-k} = -\dfrac{N-1}{N}k\pi, k=0,1,\cdots,\dfrac{N-1}{2} \end{cases}$$
$$(6-4-10)$$

式中，k_c 为小于或等于 $\dfrac{\omega_c N}{2\pi}$ 的最大整数。

6.4.2　逼近误差

正如窗函数设计法一样，$H(\mathrm{e}^{\mathrm{j}\omega})$ 是对所希望得到的 $H_d(\mathrm{e}^{\mathrm{j}\omega})$ 的一种逼近，也就是二者的特性曲线并不完全一致，存在逼近误差。

6.4.2.1　逼近误差的特点

为了分析逼近误差的特点，我们先看下面的例子。

例 6 - 4 - 1　用频率抽样设计法设计一个具有第一类线性相位的 FIR 低通滤波器，要求截止频率 $\omega_c=0.4\pi$，绘制出当频域抽样点数 N 为 15 时的设计结果波形，并分析逼近误差的特点。

解　以理想低通滤波器作为希望逼近的滤波器，则频率响应函数为

$$H_d(\mathrm{e}^{\mathrm{j}\omega}) = H_d(\omega)\mathrm{e}^{-\mathrm{j}\omega\frac{N-1}{2}}$$
$$= \begin{cases} \mathrm{e}^{-\mathrm{j}7\omega}, & |\omega| \leqslant 0.4\pi \\ 0, & 0.4\pi < |\omega| \leqslant \pi \end{cases}$$

（1）对 $H_d(\mathrm{e}^{\mathrm{j}\omega})$ 进行抽样。

先计算通带内的抽样点数 k_c+1（$\omega=0\sim\pi$）。依据所要求的截止频率，得

$$\frac{\omega_c N}{2\pi} = \frac{0.4\pi \times 15}{2\pi} = 3$$

而 k_c 为不大于 $\dfrac{\omega_c N}{2\pi}$ 的最大整数，则

$$k_c = 3$$

根据式（6 - 4 - 10）有

$$H(k) = \begin{cases} 1, & k = 0,1,2,3,12,13,14 \\ 0, & k = 4,5,\cdots,11 \end{cases}$$

$$\phi_k = \begin{cases} -\dfrac{14}{15}k\pi, & k = 0,1,\cdots,7 \\ \dfrac{14}{15}(15-k)\pi, & k = 8,9,\cdots,14 \end{cases}$$

H_k 的抽样结果如图 6 - 4 - 1（a）所示，由此得频率抽样 $H(k)$ 为

$$H(k) = H_k\mathrm{e}^{\mathrm{j}\phi_k} = \begin{cases} \mathrm{e}^{-\mathrm{j}\frac{14}{15}k\pi}, & k = 0,1,2,3 \\ 0, & k = 4,5,\cdots,11 \\ \mathrm{e}^{\mathrm{j}\frac{14}{15}(15-k)\pi}, & k = 12,13,14 \end{cases}$$

（2）求解 $h(n)$。

对 $H(k)$ 进行离散傅里叶反变换，得

$$h(n) = \mathrm{IDFT}[H(k)]$$

$$= \frac{1}{15} \sum_{k=0}^{14} H(k) W_N^{kn}, n = 0, 1, \cdots, 14$$

$h(n)$ 波形如图 6-4-1 (b) 所示。

(3) 求解设计所得滤波器的频率响应 $H(e^{j\omega})$。

将已求得的 $H(k)$ 代入内插公式（6-4-2），得

$$H(e^{j\omega}) = FT[h(n)] = H(\omega) e^{-j7\omega}$$

$$= \sum_{k=0}^{14} H(k) \phi\left(\omega - \frac{2\pi}{7} k\right)$$

$$\phi(\omega) = \frac{1}{15} \frac{\sin(\frac{15\omega}{2})}{\sin(\frac{\omega}{2})} e^{-j7\omega}$$

由此可以分析滤波器的频率特性。由于 $\phi_k = -\frac{N-1}{N} k\pi$，所以满足线性相位条件，$H(e^{j\omega})$ 必然具有线性相位。幅度特性函数 $H_r(\omega)$ 的波形如图 6-4-1 (c) 所示，虚线为 $H_{dr}(\omega)$ 波形。所设计滤波器的对数幅频特性曲线如图 6-4-1 (d) 所示。

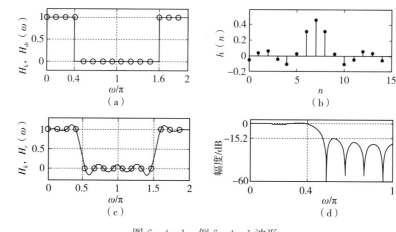

图 6-4-1　例 6-4-1 波形

（a）理想幅度抽样　　（b）滤波器的幅度特性函数

（c）滤波器的幅度特性函数　　（d）滤波器的对数幅频特性曲线

由图 6-4-1 (c) 看出，$H_r(\omega)$ 与 $H_{dr}(\omega)$ 在各频率抽样点之间存在逼近误差：$H_{dr}(\omega)$ 变换缓慢的部分，逼近误差小；而在 ω_c 附近，$H_{dr}(\omega)$ 发生突变，$H_r(\omega)$ 产生正肩峰和负肩峰，逼近误差最大。$H_r(\omega)$ 在 ω_c 附近形成宽度近似为 $\frac{2\pi}{N}$ 的过渡带，而在通带和阻带内出现吉布斯效应。

本例中，如果 $N=35，65$，则所设计的滤波器如图 6-4-2 所示。

从图 6-4-2 可以看出，抽样点数 N 越大，$H_{dr}(\omega)$ 平坦区域的误差越小，过渡带也越窄，通带与阻带的波纹变化越快。本例中，当 $N=15$ 时，阻带最小衰减 δ_{st} 约为 15.2dB；当 $N=35$ 时，δ_{st} 约为 16.2dB；当 $N=65$ 时，δ_{st} 约为 16.6dB，可见 N 的增大对阻带的最小衰减并无明显改善。

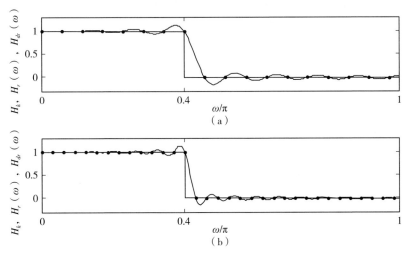

图 6-4-2　所设计滤波器的幅度特性函数（不同 N）

(a) $N=35$　　(b) $N=65$

6.4.2.2　逼近误差产生的原因

从图 6-4-1 和图 6-4-2 的结果可以看出，$H(e^{j\omega})$ 与 $H_d(e^{j\omega})$ 的逼近误差主要体现在通带波纹、阻带波纹和过渡带。下面从频域和时域对其产生原因进行分析。

在时域中，$H_d(e^{j\omega})$ 所对应的单位抽样响应为

$$h_d(n) = \frac{1}{2\pi} \int_{-\pi}^{\pi} H_d(e^{j\omega}) e^{j\omega n} \, d\omega$$

而 $H(k)$ 所对应的 $h(n)$ 应是 $h_d(n)$ 以 N 为周期的周期延拓序列的主值序列，即

$$h(n) = \sum_{-\infty}^{\infty} h_d(n+rN) R_N(n)$$

若 $H_d(e^{j\omega})$ 是分段函数，则 $h_d(n)$ 应是无限长的。这样，$h_d(n)$ 在周期延拓时，就会产生时域混叠，从而使所设计的 $h(n)$ 与所希望的 $h_d(n)$ 之间出现偏差。同时也看出，频域抽样点数 N 越大，$h(n)$ 就越接近 $h_d(n)$。

在频域中，由内插公式（6-4-2）所确定的 $H(e^{j\omega})$ 只有在各抽样点

$\omega = \dfrac{2\pi}{N}k$ 处才等于本抽样点处的 H（k），而在各抽样点之间则由各抽样值 H（k）和内插函数组合而成。这样，在各抽样频率点处，二者的逼近误差为零，即 H（$\mathrm{e}^{\mathrm{j}\frac{2\pi}{N}k}$）$=H_d$（$\mathrm{e}^{\mathrm{j}\frac{2\pi}{N}k}$）；而在各抽样频率点之间存在逼近误差，误差大小取决于 H_d（$\mathrm{e}^{\mathrm{j}\omega}$）曲线的形状和抽样点数 N 的大小：H_d（$\mathrm{e}^{\mathrm{j}\omega}$）特性曲线变化越缓慢、抽样点数 N 越大，则二者的逼近误差越小；反之，则误差越大。

6.4.2.3　减小逼近误差的措施

针对逼近误差的特点及其产生原因，可以采用增加过渡带抽样点的方法来改善滤波器的性能。与窗函数设计法一样，加大过渡带宽，即在不连续点的边缘增加值为 $0\sim1$（不包含 0 和 1）的过渡带抽样点，可以缓和阶跃突变，使所希望的幅度特性 H_r（ω）由通带比较平滑地过渡到阻带，从而使波纹幅度大大减小，同时阻带衰减也得到改善，如图 6－4－3 所示，其本质是对 H_k 增加过渡带抽样点。需要注意的是，这时总抽样点数 N 并未改变，只是将原来为零的几个点改为非零点，如图 6－4－3 所示（总抽样点为 35）。

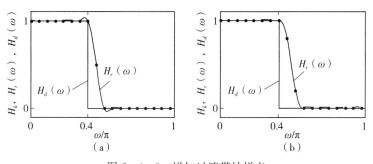

图 6－4－3　增加过渡带抽样点

（a）一点过渡带 0.5　　（b）两点过渡带 0.2、0.8

对比图 6－4－3 和图 6－4－2（a）可以看出，增加过渡带点后，通带波纹和阻带波纹得到了明显改善。图 6－4－3（a）对应的 δ_{st} 约为 29.7dB；图 6－4－3（b）对应的 δ_{st} 约为 39.1dB；而没有过渡带抽样点时，δ_{st} 约为 16.2dB。

一般来说，在最优设计时，增加一点过渡带抽样点，阻带最小衰减可达 $-54\sim-40$dB；增加两点过渡带抽样点，阻带最小衰减可达 $-75\sim-60$dB；增加三点过渡带抽样点，阻带最小衰减则可达 $-95\sim-80$dB。

如果在要求减小波纹幅度、增加阻带衰减的同时，又要求不能增加过渡带宽，则可以增大抽样点数 N。过渡带宽 $\Delta\omega$ 与抽样点数 N、过渡抽样点数 m 之间有如下的近似关系

$$\Delta\omega = \frac{2\pi(m+1)}{N} \qquad (6-4-11)$$

6.5　IIR 和 FIR 数字滤波器的比较

为了在实际应用时，更好地选择合适的滤波器，下面对这两种滤波器做一个简单的比较。

在结构上，IIR 滤波器的系统函数是有理分式，用递归结构。只有极点都在单位圆内时滤波器才稳定，但有限字长效应可能使滤波器不稳定甚至出现极限环振荡。FIR 滤波器的系统函数是多项式，用非递归结构。只在原点有极点，总是稳定的。有限字长不会引起极限环振荡，误差较小。

在频率响应特性上，IIR 滤波器具有很好的选频特性，但是相位是非线性的。FIR 滤波器则可实现线性相位，但若需要获得一定的选择特性，FIR 滤波器则需要较多的存储器和较多的运算。

在设计方法上，IIR 数字滤波器的设计可利用现成的模拟滤波器设计公式、数据和表格，因而计算工作量较小，对计算工具要求不高。而 FIR 滤波器则要灵活得多，尤其是频率采样设计法更容易适应各种幅度特性和相位特性的要求，能设计出理想的 Hilbert 变换器、理想差分器、线性调频等各种重要网络，因而具有更大的适应性和更广阔的使用。FIR 滤波器的设计只有计算机程序可以利用，因此一般要借助计算机来设计。

在相同的技术指标要求下，IIR 滤波器由于存在输出到输入的反馈，可以用比 FIR 滤波器较少的阶数满足相同的指标。FIR 滤波器比 IIR 滤波器阶数高 5～10 倍。

IIR 滤波器主要用于规格化的、频率特性为分段常数的标准低通、高通、带通、带阻和全通滤波器。FIR 滤波器可用于理想正交变换器、理想微分器、线性调频器等各种网络，适应性较广。

由以上比较可以看到，IIR 滤波器与 FIR 滤波器各有特点，应根据实际应用的要求，从多方面来加以考虑选择。例如，在对相位要求不高的应用场合（如语言通信等），选用 IIR 滤波器较为合适；而在对线性相位要求较高的应用中（如图像信号处理、数据传输等以波形携带信息的系统），则采用 FIR 滤波器较好。当然，没有哪一类滤波器在任何应用中都是绝对最佳的，在实际设计时，还应综合考虑经济成本、计算工具等多方面的因素。

第 7 章
数字信号处理的应用

数字信号处理技术灵活、精确、抗干扰性能强，数字信号处理设备体积小、功耗低、造价便宜，因此数字信号处理技术正在得到越来越广泛的应用。正如绪论中所述，它的发展与新器件的出现，微计算机技术的进步，以及实际应用中对信息处理越来越高的要求密不可分。而且随着新理论和新算法的不断出现和发展，数字信号处理技术将开拓出更多新的应用领域。例如语音信号、雷达信号、声呐信号、地震信号、图像等信号的数字处理均获得成功后，这些数字信号处理技术在通信系统、生物医学、遥感遥测、地质勘探、机械振动、交通运输、宇宙航行、产品检验、自动测量等方面得到了广泛的应用。

7.1 数字信号处理在双音多频拨号系统中的应用

双音多频（Dual Tone Multi Frequency，DTMF）信号是音频电话中的拨号信号，由美国 AT&T 贝尔公司实验室研制，并用于电话网络中。DTMF 信号的产生与检测识别系统是一个典型的小型信号处理系统，它要用数字方法产生模拟信号并进行传输，其中还用到了 D/A 变换器；在接收端用 A/D 变换器将其转换成数字信号，并进行数字信号处理，包括 DFT 的应用。为了提高系统的检测速度并降低成本，还开发出一种特殊的 DFT 算法，称为戈泽尔（Goertzel）算法，这种算法既可以用硬件（专用芯片）实现，也可以用软件实现。

7.1.1 电话系统中的双音多频信号

过去的电话拨号是靠脉冲计数确定 0~9 这 10 个数字的，拨号速度慢，也不能扩展电话的其他服务功能。现在均采用双音拨号。它的原理是：每一位号码由两个不同的单音频组成，所有的频率可分成高频带和低频带两组，低频带有四个频率，即 679Hz、770Hz、852Hz 和 941Hz；高频带也有四个频率，即 1209Hz、1336Hz、1477Hz 和 1633Hz。每一位号码均由一个低频带频率和一个高频带频率叠加形成，例如十进制数字 1 用 697Hz 和 1209Hz 两个频率，对应的 DTMF 信号用 $\sin(2\pi f_1 t) + \sin(2\pi f_2 t)$ 表示，其中 $f_1 = 679$Hz，$f_2 = 1209$Hz。这样 8 个频率形成 16 种不同的 DTMF 信号。具体 DTMF 拨号的频率分配见表 7-1-1。表中最后一列在电话中暂时没用。

表 7-1-1　DTMF 拨号的频率分配

低频带	高频带			
	1209Hz	1336Hz	1477Hz	633Hz
697Hz	1	2	3	A
770Hz	4	5	6	B
852Hz	7	8	9	C
942Hz	*	0	#	D

7.1.2　双音多频信号的产生与检测

7.1.2.1　双音多频信号的产生

假设时间连续的 DTMF 信号用 $x(t) = \sin(2\pi f_1 t) + \sin(2\pi f_2 t)$ 表示，式中 f_1 和 f_2 是按照表 7-1-1 选择的两个频率，f_1 代表低频带频率中的一个，f_2 代表高频带频率中的一个。显然采用数字方法产生 DTMF 信号，方便而且体积小。下面介绍采用数字方法产生 DTMF 信号。

规定用 8kHz 对 DTMF 信号进行采样，采样后得到时域离散信号为

$$x(t) = \sin(2\pi f_1 n/8000) + \sin(2\pi f_2 n/8000)$$

形成上面序列有两种方法，一种是计算法，另一种是查表法。

7.1.2.2　双音多频信号的检测

在接收端，要对收到的双音多频信号进行检测，即检测两个正弦波的频率，以判断其对应的十进制数字或者符号。显然这里可以用数字方法进行检测，因此要将收到的时间连续 DTMF 信号经过 A/D 变换，变成数字信号再进行检测。检测的方法有两种，一种是用一组滤波器提取所关心的频率，判断对应的数字或符号；另一种是用 DFT（FFT）对双音多频信号进行频谱分析，由信号的幅度谱，判断信号的两个频率，最后确定对应的数字或符号。当检测的频率数目较少时，用滤波器组实现更合适。FFT 是 DFT 的快速算法，但当需要计算的频率点数目远小于 DFT 的变换区间长度时，用 FFT 快速算法的效

果并不明显，而且还要占用很多内存，因此不如直接用 DFT 合适。下面介绍戈泽尔（Goertzel）算法，这种算法的实质是直接计算 DFT 的一种线性滤波方法。

7.1.3　戈泽尔算法

戈泽尔算法利用 DFT 中的旋转因子 W_N^k 的周期性，将 DFT 的运算转换成一种线性滤波运算。下面推导戈泽尔算法的计算公式和实现结构。

假设长度为 N 的序列 $x\,(n)$ 的 N 点 DFT 用 $X\,(k)$ 表示，因为 $W_N^{-kN}=1$，因此

$$X(k)=W_N^{-kN}X(k)\sum_{m=0}^{N-1}x(m)W_N^{km}$$

$$=\sum_{m=0}^{N-1}x(m)W_N^{-k(N-m)},k=0,1,2,\cdots,N-1 \qquad (7-1-1)$$

注意上式中 $x\,(m)$ 的区间是 $0\sim N-1$。按照上式定义序列

$$y_k(n)=\sum_{m=0}^{N-1}x(m)W_N^{-k(N-m)} \qquad (7-1-2a)$$

观察上式，这是序列 $x\,(n)$ 和 W_N^{-kn} 的卷积运算，因此表示为

$$y_k(n)=x(n)W_N^{-kn} \qquad (7-1-2b)$$

令

$$h_k(n)=W_N^{-kn} \qquad (7-1-3)$$

则

$$y_k(n)=x(n)*h_k(n) \qquad (7-1-4)$$

由上式，将 $y_k\,(n)$ 看成是序列 $x\,(n)$ 通过单位脉冲响应为 $h_k\,(n)=W_N^{-kn}$ 的滤波器的输出，对比式（7-1-1）和式（7-1-2a），得到

$$X(k)=y_k(n)\big|_{n=N} \qquad (7-1-5)$$

那么，$x\,(n)$ 的 DFT 的第 k 点就是序列 $x\,(n)$ 通过滤波器 $h_k\,(n)$ 输出的第 $n=N$ 点样值。这里 $k=0$，1，2，$\cdots$，$N-1$，那么 N 点 DFT 就是这 N 个滤波器分别对序列 $x\,(n)$ 的响应序列的第 N 点输出。下面分析这些滤波器的特点。

对式（7-1-3）进行 z 变换，得到滤波器的系统函数

$$H_k(z)=\frac{1}{1-W_N^{-k}z^{-1}} \qquad (7-1-6)$$

该滤波器是一个一阶纯极点滤波器，极点为 $W_N^{-k}=\mathrm{e}^{\mathrm{j}2\pi k/N}$，极点频率为 $\omega_k=2\pi k/N$。该一阶滤波器的结构图如图 7-1-1（a）所示，戈泽尔算法的原理方框图如图 7-1-1（c）所示。

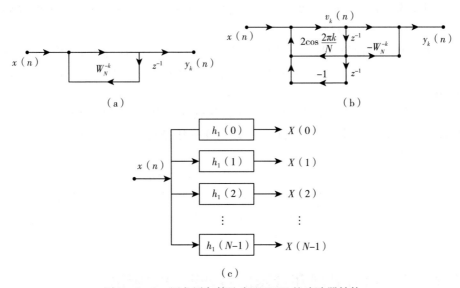

图 7-1-1　用戈泽尔算法实现 DFT 的滤波器结构

(a) 单极点滤波器　(b) 双极点滤波器　(c) 戈泽尔算法的滤波器组

在图 7-1-1（a）中存在一次复数乘法，为了避免复数乘法，将一阶纯极点滤波器变为二阶滤波器，推导如下：

$$H_k(z) = \frac{1}{1 - W_N^{-k} z^{-1}} = \frac{1 - W_N^k z^{-1}}{(1 - W_N^{-k} z^{-1})(1 - W_N^k z^{-1})}$$

$$= \frac{1 - W_N^k z^{-1}}{1 - 2\cos(\frac{2\pi k}{N}) z^{-1} + z^{-2}} \tag{7-1-7}$$

按照上式画出的结构图如图 7-1-1（b）所示。再按照该结构图，可以用两个差分方程表示该二阶滤波器，即

$$v_k(n) = 2\cos(\frac{2\pi k}{N}) v_k(n-1) - v_k(n-2) + x(n)$$

$$\tag{7-1-8}$$

$$y_k(n) = v_k(n) - W_N^k v_k(n-1) \tag{7-1-9}$$

式（7-1-8）是一个实系数的差分方程，且适合递推求解。式（7-1-9）中具有一个复数乘法器，但因为检测信号的两个频率时，只用它的幅度谱就够了，不需要相位信息，因此只计算式（7-1-9）模的平方，得到

$$|y_k(N)|^2 = v_k^2(N) + v_k^2(N-1) - 2\cos(\frac{2\pi k}{N}) v_k(N) v_k(N-1)$$

$$\tag{7-1-10}$$

这样输入信号是实序列，用式（7-1-8）计算中间变量和用式（7-1-

10）计算输出信号的幅度，这两个公式中完全是实数乘法。由此得到 $|X(k)|^2 = |y_k(N)|^2$。

因为有 8 种音频要检测，所以需要 8 个式（7-1-6）表示的滤波器，或者 8 个式（7-1-7）表示的滤波器。8 个滤波器的中心频率分别对应 8 种音频。

按照图 7-1-1 所示的结构图，可以用软件实现，也可以用硬件实现。按照图 7-1-1（a）用软件实现时，可以用递推法进行，按照式（7-1-6）写出它的递推方程为

$$y_k(n) = W_N^{-k} y_k(n-1) + x(n)$$

递推时设定初始条件为 $y_k(-1) = 0$。按照图 7-1-1（b）用软件实现，即用式（7-1-8）、式（7-1-10）进行递推运算，也要设定初始条件为零状态，即 $v_k(-1) = v_k(-2) = 0$。

7.2　数字信号处理在音乐信号处理中的应用

随着视听技术的发展，数字信号处理技术在音乐信号处理中的应用日益增多。我们知道音乐信号处理中，经常需要音乐的录制和加工，应用数字信号处理技术进行这方面的工作显得灵活又方便。

大多数音乐节目的录制是在一间隔音的录音室中进行的。来自每一种乐器的声音由离乐器非常近的专用麦克风采集，再被录制到多达 48 个轨道的多轨磁带录音机的一个轨道上。录音师通过各种信号处理改变各种乐器的声音，包括改变音色、各乐器声音的相互平衡等。最后进行混音，并加入室内的自然效果及其他特殊效果。

下面介绍两方面内容，一是如何在时域用数字信号处理方法将录制信号加入延时和混响，二是如何在频域对所录制的信号进行均衡处理。

7.2.1　时域处理

在隔音录音室里产生的音乐和在音乐厅中演奏的音乐是不一样的，主要是听起来不自然、声音发干。为此下面首先介绍音乐厅中听众听到的音乐信号的特点。

在音乐厅中，音乐信号的声波向各个方向传播，而且从各个方向在不同的时间传给听众。听众接收到的声音信号有 3 种（图 7-2-1）。直接传播到听众的称为直达声。接下来收到是一些比较近的回音，称为早期反射，早期反射通过房间各方向进行反射，到达听众的时间是不定的。早期反射以后，由于多次反复反射，越来越多的密集反射波传给听众，这部分反射群被称为混响。混响的振幅随时间呈指数衰减。

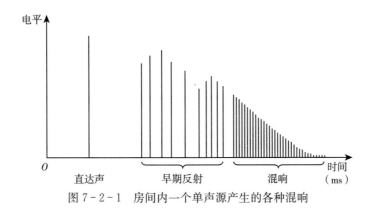

图 7-2-1　房间内一个单声源产生的各种混响

假设直接声音信号用 $x(n)$ 表示，直接声音碰到墙壁等障碍物的一次反射波形和直接声音的波形一样，仅存在幅度衰减和时间延迟，收到的信号 $y(n)$ 用下面差分方程表示

$$y(n) = x(n) + \alpha x(n-R), |\alpha| < 1 \qquad (7-2-1)$$

式中，R 表示相对直接声音的延迟时间。将上式进行 z 变换，得到

$$H(z) = Y(z)/X(z) = 1 + \alpha z^{-R} \qquad (7-2-2)$$

上式中，$H(z)$ 是一个 FIR 滤波器，也是一个 R 阶的梳状滤波器，$x(n)$ 经过这样一个滤波器便得到了它和它的一次反射音的合成声音，该滤波器称为单回声滤波器。单回声滤波器的结构、单位脉冲响应及幅度特性，如图 7-2-2 所示。

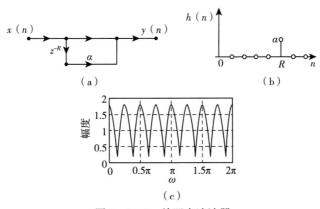

图 7-2-2　单凹声滤波器
(a) 滤波器结构　(b) 单位脉冲响应　(c) $R=8$ 和 $\alpha=0.8$ 时的幅度响应

如果一次反射信号又经过这样一次反射，形成二次反射信号，该信号用 $\alpha^2 x(n-2R)$ 表示，如果有 $N-1$ 次这样的反射，形成多重回声，这种多重回声滤波器的系统函数可表示为

$$H(z) = 1 + \alpha z^{-R} + \alpha^2 z^{-2R} + \alpha^3 z^{-3R} + \cdots + \alpha^{N-1} z^{-(N-1)R}$$
$$= \frac{1 - \alpha^N z^{-NR}}{1 - \alpha z^{-R}} \qquad\qquad (7-2-3)$$

上式是一个 IIR 滤波器，设 $\alpha = 0.8$，$N = 6$，$R = 4$，多重回声滤波器的结构、单位脉冲Ⅱ响应，如图 7-2-3 所示。

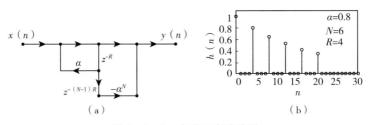

（a）　　　　　　　　　　　　　（b）

图 7-2-3　多重回声滤波器
（a）滤波器结构　　（b）单位脉冲响应

当产生无穷个回声时，式（7-2-3）中 $\alpha^N \rightarrow 0$，同时再延时 R，此时 IIR 滤波器的系统函数为

$$H(z) = \frac{z^{-R}}{1 - \alpha z^{-R}}, |\alpha| < 1 \qquad\qquad (7-2-4)$$

设 $R = 4$，其结构图、单位脉冲响应和幅度特性如图 7-2-4 所示。

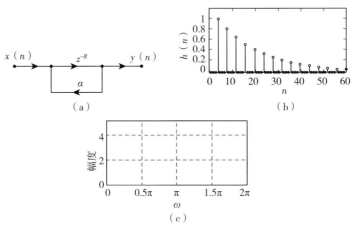

（a）　　　　　　　　　　　　　（b）

（c）

图 7-2-4　产生无限个回声的 IIR 滤波器
（a）滤波器结构　　（b）单位脉冲响应（$\alpha = 0.8$，$R = 4$）　　（c）幅度响应（$\alpha = 0.8$，$R = 7$）

由图 7-2-4（c）可见，该幅度特性不够平稳，且回波也不够密集，会引起回声颤动。为得到一种比较接近实际的混响，已经提出一种有全通结构的混响器，它的系统函数为

$$H(z) = \frac{\alpha + z^{-R}}{1 + \alpha z^{-R}}, |\alpha| < 1$$

这种全通混响器的结构及单位脉冲响应（$\alpha=0.8$，$R=4$）如图 7 - 2 - 5 所示，这种结构的特点是只用了一个乘法器和一个延时器。将图 7 - 2 - 4（a）和全通混响器进行组合，可以达到令人满意的一种声音混响器，如图 7 - 2 - 6 所示。图中用了 4 个产生无限个回声的 IIR 滤波器并联，再和 2 个级联全通混响器进行级联，这种方案得到了令人满意的声音混响，可以产生如同音乐厅中的声音。

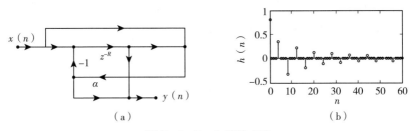

图 7 - 2 - 5　全通混响器

（a）结构　（b）单位脉冲响应（$\alpha=0.8$，$R=4$）

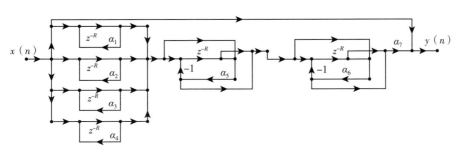

图 7 - 2 - 6　一种自然声音混响器的方案

如果用一个低通 FIR 滤波器或者 IIR 滤波器 $G(z)$ 函数替换式（7 - 2 - 4）中的 α，形成系统函数为

$$H(z) = \frac{z^{-R}}{1 - G(z)z^{-R}}, |\alpha| < 1 \qquad (7 - 2 - 5)$$

该滤波器称为齿状滤波器，可以用于人为地产生自然音调。

7.2.2　频域处理

录音师在混音过程中，常常需要对单独录制的乐器声或者表演者的音乐声进行频率修改，例如通过提升 100～300Hz 的频率成分，可以使弱乐器（如吉他）具有丰满的效果；通过提升 2～4kHz 的频率成分，可使手指弹拨吉他弦的声音瞬变效果更加明显；对于 1～2kHz 的频段用高频斜坡方式进行提升，可以增加如手鼓、军乐鼓这样的打击乐器的脆性等。不同频段的修改，用不同类型

177

的滤波器，高频段和低频段的修改用斜坡滤波器，中频带的均衡（修改）用峰化滤波器。在录音和传输过程中还会用到其他类型的滤波器，例如低通滤波器、高通滤波器及陷波器等。以上提到的滤波器均可使用数字滤波器，针对不同的要求，选择已学过的设计方法。下面主要介绍斜坡滤波器和峰化滤波器。

7.2.2.1 一阶滤波器和斜坡滤波器

一个一阶低通数字滤波器它的系统函数如下

$$H_{\mathrm{LP}}(z) = \frac{1-\alpha}{2}\frac{1+z^{-1}}{1-\alpha z^{-1}} \qquad (7-2-6)$$

相应的一阶高通数字滤波器用下式表示

$$H_{\mathrm{HP}}(z) = \frac{1+\alpha}{2}\frac{1-z^{-1}}{1-\alpha z^{-1}} \qquad (7-2-7)$$

它们的 3dB 截止频率 ω_c 用下式计算

$$\omega_c = \arccos(\frac{2\alpha}{1+\alpha^2}) \qquad (7-2-8)$$

式（7-2-6）和式（7-2-7）也可以写成下面两式

$$H_{\mathrm{LP}}(z) = \frac{1}{2}\big[1-A_1(z)\big] \qquad (7-2-9)$$

$$H_{\mathrm{HP}}(z) = \frac{1}{2}\big[1+A_1(z)\big] \qquad (7-2-10)$$

式中

$$A_1(z) = \frac{\alpha-z^{-1}}{1-\alpha z^{-1}} \qquad (7-2-11)$$

将式（7-2-9）和式（7-2-10）进行组合，形成如图 7-2-7 所示的滤波器。

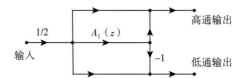

图 7-2-7 有一个参数可调的一阶低通/高通滤波器

如果将图 7-2-7 中的两个输出进行组合，形成下面的系统函数

$$G_{\mathrm{LP}}(z) = \frac{K}{2}\big[1-A_1(z)\big] + \frac{1}{2}\big[1+A_1(z)\big]$$

式中，K 是一个常数。其结构图如图 7-2-8 所示，增益特性（用 dB 表示）如图 7-2-9 所示。该滤波器称为低频斜坡滤波器。相应地有高频斜坡滤波器，系统函数为

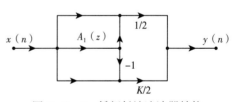

图 7-2-8 低频斜坡滤波器结构

$$G_{\text{HP}}(z) = \frac{1}{2}[1-A_1(z)] + \frac{k}{2}[1+A_1(z)]$$

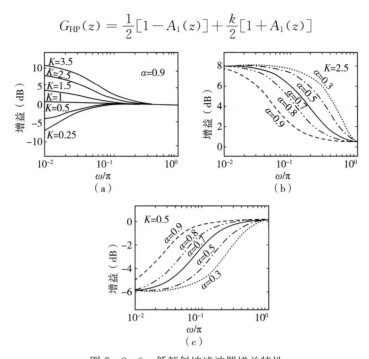

图 7-2-9　低频斜坡滤波器增益特性

(a) $\alpha = 0.9$，调整参数 K；(b) $K=2.5$，调整 α；(c) $K=0.5$，调整 α

其结构图如图 7-2-10 所示，增益特性如图 7-2-11 所示。高、低频斜坡滤波器都可以通过调整参数 K 控制通带的强弱，$K>1$ 通带增强，$K<1$ 通带减弱，$K=1$ 通带保持原幅度。通过调整 α 控制带宽。

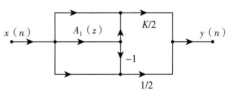

图 7-2-10　高频斜坡滤波器结构

7.2.2.2　二阶滤波器和均衡器

下面介绍用二阶滤波器形成的峰化滤波器（二阶均衡器）。

二阶带通和二阶带阻滤波器的系统函数分别为

$$H_{\text{BP}}(z) = \frac{1-\alpha}{2} \frac{1-z^{-2}}{1-\beta(1+\alpha)z^{-1}+\alpha z^{-2}} \qquad (7-2-12)$$

$$H_{\text{BS}}(z) = \frac{1+\alpha}{2} \frac{1-2\beta z^{-1}+z^{-2}}{1-\beta(1+\alpha)z^{-1}+\alpha z^{-2}} \qquad (7-2-13)$$

带通滤波器的中心频率 ω_0 和带阻滤波器的陷波频率 ω_0 用下式计算：

$$\omega_0 = \arccos\beta \qquad (7-2-14)$$

它们的 3dB 带宽用下式计算得到

179

$$B_W = \arccos(\frac{2\alpha}{1+\alpha^2}) \qquad (7-2-15)$$

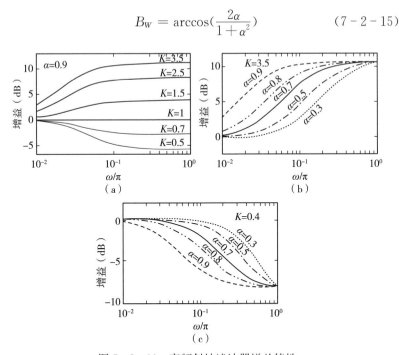

图 7 - 2 - 11 高频斜坡滤波器增益特性

(a) $\alpha=0.9$，调整参数 K；(b) $K=3.5$，调整 α；(c) $K=0.4$，调整 α

令

$$A_2(z) = \frac{\alpha - \beta(1+\alpha)z^{-1} + z^{-2}}{1 - \beta(1+\alpha)z^{-1} + \alpha z^{-2}} \qquad (7-2-16)$$

得到

$$H_{BP}(z) = \frac{1}{2}[1 - A_2(z)] \qquad (7-2-17)$$

$$H_{BS}(z) = \frac{1}{2}[1 + A_2(z)] \qquad (7-2-18)$$

注意 $A_2(z)$ 是全通函数。将上面两式组合成一个系统，其结构图如图 7 - 2 - 12 (a) 所示，图中上臂是带阻输出，下臂是带通输出。全通部分 $A_2(z)$ 用如图 7 - 2 - 12 (b) 所示的格型结构实现，特点是可以独立地调谐中心频率 ω_0 及 3dB 带宽 B_W。

和一阶的情况一样，用二阶带通/带阻滤波器上臂和下臂组合成下面的二阶均衡器 $G_2(z)$，即

$$G_2(z) = \frac{K}{2}[1 - A_2(z)] + \frac{1}{2}[1 + A_2(z)] \qquad (7-2-19)$$

式中，K 是一个正常数。二阶均衡器的结构图如图 7 - 2 - 13 所示，中心

频率 ω_0 可用 β 参数独立调整，3dB 带宽 B_W 由参数 α 单独决定。幅度响应的峰值或者谷值由 $K=G_2(e^{j\omega_0})$ 给出。通过改变 K、α 和 β 得到的增益响应（用 dB 表示）如图 7-2-14～图 7-2-16 所示。

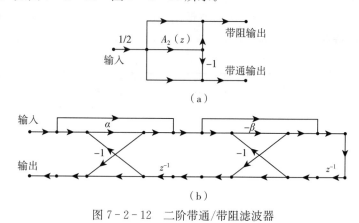

（a）

（b）

图 7-2-12 二阶带通/带阻滤波器

（a）结构图 （b）全通部分

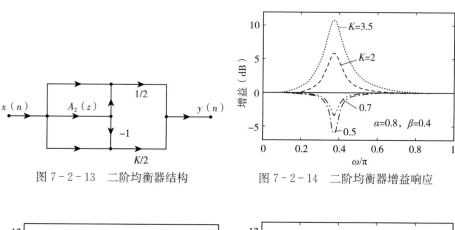

图 7-2-13 二阶均衡器结构

图 7-2-14 二阶均衡器增益响应

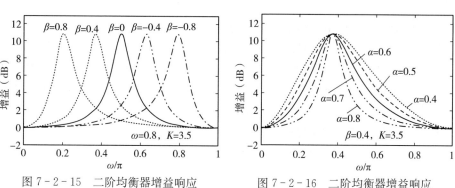

图 7-2-15 二阶均衡器增益响应

图 7-2-16 二阶均衡器增益响应

181

7.2.2.3　图形均衡器

用一阶和二阶均衡器进行级联，形成一个图形均衡器，它是个高阶均衡器，特点是每一部分的最大增益可由外部进行控制。图 7-2-17（a）所示为一个一阶和三个二阶均衡器的级联方框图，图 7-2-17（b）所示为在典型参数下的增益特性。

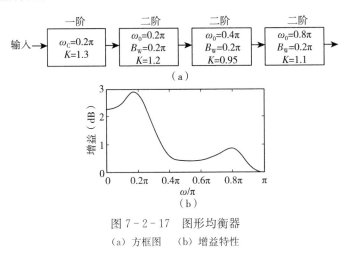

图 7-2-17　图形均衡器

（a）方框图　（b）增益特性

7.3　数字信号处理在地学工程中的应用

随着科学技术的发展，数字信号处理的理论研究成果不断出现，数字信号处理在各个工程领域的应用越来越广泛，其中，数字信号处理在地学工程方面有着丰富的应用成果，这些应用成果丰富了数字信号处理的学科架构，推动了地球科学研究的不断进步。

7.3.1　广义 s 变换在探地雷达层位识别中的应用

在探地雷达勘探中，当雷达信号穿过由层厚小于调谐厚度的薄层构成的层序列时，其反射的雷达信号的频率会增高，根据这一特点，利用 s 变换可以对这种薄层序列进行有效识别。本节主要介绍广义 s 变换方法。这种方法对 s 变换的时窗函数加以改进使其可调，并将低通滤波函数融入到时窗函数中来调节变换中的频率分辨率。

7.3.1.1　s 变换与广义 s 变换

Stockwell 给出函数 $h(t)$ 的 s 变换定义如下

$$s(\tau, f) = \int_{-\infty}^{\infty} h(t) \frac{|f|}{\sqrt{2\pi}} \mathrm{e}^{-\frac{(\tau - t)^2 f^2}{2}} \mathrm{e}^{-\mathrm{j}2\pi ft} \mathrm{d}t \qquad (7-3-1)$$

式中，t、τ 表示时间；f 表示频率，均为实数。定义 s 变换的时窗函数 $G\ (t,\ f)$ 为

$$G(t,f) = \frac{|f|}{\sqrt{2\pi}} e^{-\frac{t^2 f^2}{2}} \qquad (7-3-2)$$

s 变换的时窗函数 $G\ (t,\ f)$ 要满足以下条件，即

$$\int_{-\infty}^{\infty} G(t,f) \mathrm{d}t = 1 \qquad (7-3-3)$$

在满足式（7-3-3）的条件下，可以得到

$$\int_{-\infty}^{\infty} s(\tau,f) \mathrm{d}\tau = H(f) \qquad (7-3-4)$$

式中，$H\ (f)$ 为函数 $h\ (t)$ 的傅里叶变换，由此可以得到 s 变换的反变换为

$$h(t) = \int_{-\infty}^{\infty} \left[\int_{-\infty}^{\infty} s(\tau,f) \mathrm{d}\tau \right] e^{\mathrm{j}2\pi ft} \mathrm{d}f \qquad (7-3-5)$$

为了提高计算效率，通常不是直接按照式（7-3-1）在时间域实现 s 变换，而是在频率域实现。频率域 s 正变换公式为

$$s(\tau,f) = \int_{-\infty}^{\infty} H(\xi+f) e^{-\frac{2\pi^2 \xi^2}{f^2}} e^{\mathrm{j}2\pi\xi\tau} \mathrm{d}\xi, f \neq 0 \qquad (7-3-6)$$

为了使广义 s 变换的时窗函数可调，将低通滤波函数融入其中，同时在时窗函数中引入调节参数。通过改变调节参数的大小来调节广义 s 变换的时间分辨率和频率分辨率。

定义广义 s 变换的时窗函数 $W\ (t,\ f,\ \lambda_\mathrm{G},\ \lambda_\mathrm{L})$ 为

$$W(t,f,\lambda_\mathrm{G},\lambda_\mathrm{L}) = \int_{-\infty}^{\infty} \frac{\lambda_\mathrm{G}|f|}{\sqrt{2\pi}} e^{-\frac{k^2 \lambda_\mathrm{G}^2 f^2}{2}} \frac{\sin[2\pi\lambda_\mathrm{L}|f|(t-k)]}{\pi(t-k)} \mathrm{d}k, \lambda_\mathrm{G}>0, \lambda_\mathrm{L}>0$$
$$(7-3-7)$$

式中，λ_G、λ_L 是不同的调节参数。

广义 s 变换的时窗函数 $W\ (t,\ f,\ \lambda_\mathrm{G},\ \lambda_\mathrm{L})$ 满足 s 变换的时窗函数条件，即

$$\int_{-\infty}^{\infty} W(t,f,\lambda_\mathrm{G},\lambda_\mathrm{L}) \mathrm{d}t = 1 \qquad (7-3-8)$$

定义广义 s 变换如下

$$s_\mathrm{G}(\tau,f,\lambda_\mathrm{G},\lambda_\mathrm{L}) = \int_{-\infty}^{\infty} h(t) W(\tau-t,f,\lambda_\mathrm{G},\lambda_\mathrm{L}) e^{-\mathrm{j}2\pi ft} \mathrm{d}t$$
$$(7-3-9)$$

在满足式（7-3-8）的条件下，可以得到

$$\int_{-\infty}^{\infty} s_\mathrm{G}(\tau,f,\lambda_\mathrm{G},\lambda_\mathrm{L}) \mathrm{d}\tau = \int_{-\infty}^{\infty} \left[\int_{-\infty}^{\infty} h(t) W(\tau-t,f,\lambda_\mathrm{G},\lambda_\mathrm{L}) e^{-\mathrm{j}2\pi ft} \mathrm{d}t \right] \mathrm{d}\tau$$
$$= \int_{-\infty}^{\infty} \left[\int_{-\infty}^{\infty} W(\tau-t,f,\lambda_\mathrm{G},\lambda_\mathrm{L}) \mathrm{d}\tau \right] h(t) e^{-\mathrm{j}2\pi ft} \mathrm{d}t$$

$$= H(f) \qquad (7-3-10)$$

式中，$H(f)$ 为函数的傅里叶变换，由此可以得到广义 s 变换的反变换为

$$h(t) = \int_{-\infty}^{\infty} H(f) e^{j2\pi ft} df = \int_{-\infty}^{\infty} \left[\int_{-\infty}^{\infty} s_G(\tau, f, \lambda_G, \lambda_L) d\tau \right] e^{j2\pi ft} df$$

$$(7-3-11)$$

同 s 变换类似，为了提高计算效率，可以在频率域实现广义 s 变换，其变换式为

$$s_G(\tau, f, \lambda_G, \lambda_L) = \int_{-\infty}^{\infty} H(\xi + f) L(\xi, f) e^{-\frac{2\pi^2 \xi^2}{\lambda_G^2 f^2}} e^{j2\pi \xi \tau} d\xi, f \neq 0$$

$$(7-3-12)$$

上式中 $L(\xi, f)$ 为

$$L(\xi, f) = \begin{cases} 1, |\xi| \leqslant \lambda_L |f| \\ 0, |\xi| > \lambda_L |f| \end{cases}$$

为了保证广义 s 正、反变换完全可逆，当 $f = 0$ 时，广义 s 正变换满足

$$\int_{-\infty}^{\infty} s_G(\tau, f, \lambda_G, \lambda_L) d\tau = H(0) \qquad (7-3-13)$$

在计算机上实现广义 s 变换时，采用式（7-3-12）和式（7-3-13）的离散形式。

为了研究广义 s 变换分析时变信号的特点，合成一个时变信号 $h(t)$，$h(t)$ 的解析式为

$$h(t) = \begin{cases} \sin(2\pi \times 100 \times t), 0 \leqslant t \leqslant 273\text{ms} \\ \sin(2\pi \times 100 \times t) + \sin(2\pi \times 200 \times t), 274 \leqslant t \leqslant 449\text{ms} \\ \sin(2\pi \times 200 \times t), 450 \leqslant t \leqslant 549\text{ms} \\ \sin(2\pi \times 200 \times t) + \sin(2\pi \times 300 \times t), 550 \leqslant t \leqslant 723\text{ms} \\ \sin(2\pi \times 300 \times t), 724 \leqslant t \leqslant 999\text{ms} \end{cases}$$

信号 $h(t)$ 主要包含三个频率成分，分别为 100Hz、200Hz、300Hz。各个频率成分起止时间对应分别为 0~449ms、274~723ms、550~999ms。计算机上处理时，需要先对上述信号 $h(t)$ 进行采样，这里采用的采样时间间隔为 1ms，总的采样时间为 999ms。图 7-3-1 为信号 $h(t)$ 采样后的示意图。

为了对比分析广义 s 变换和 s 变换，对信号 $h(t)$ 进行 s 变换，图 7-3-2 为 s 变换结果。图 7-3-2 中，信号的频率成分以及各个频率成分的起止时间能很好地与合成信号相对应。随着信号频率的增大，s 变换的频率分辨率降低，时间分辨率增高，这同小波变换相似。

为了分析 λ_G 对广义 s 变换的影响，先固定 λ_L，（设 $\lambda_L = 10$），再调节 λ_G。对不同的 λ_G，分别对信号 $h(t)$ 进行广义 s 变换。图 7-3-3 显示了 λ_G 对广义 s 变换的影响。

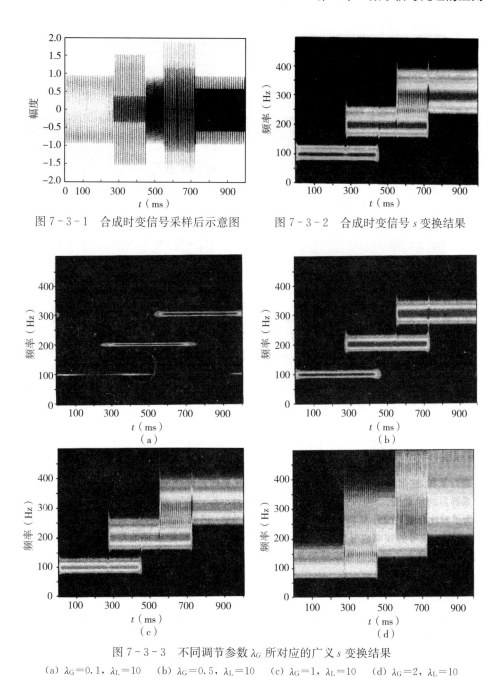

图 7-3-1　合成时变信号采样后示意图　　图 7-3-2　合成时变信号 s 变换结果

图 7-3-3　不同调节参数 λ_G 所对应的广义 s 变换结果

(a) $\lambda_G=0.1$, $\lambda_L=10$　　(b) $\lambda_G=0.5$, $\lambda_L=10$　　(c) $\lambda_G=1$, $\lambda_L=10$　　(d) $\lambda_G=2$, $\lambda_L=10$

为了分析 λ_L 对广义 s 变换的影响，先固定 λ_G（设 $\lambda_G=2$），再调节 λ_L，对不同的 λ_L，分别对信号 $h(t)$ 进行广义 s 变换，图 7-3-4 显示了 λ_L 对广义 s 变换的影响。

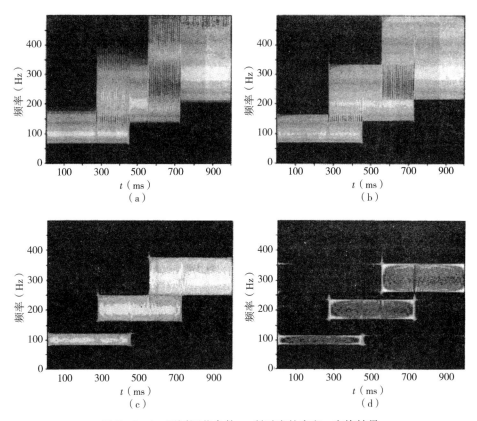

图 7-3-4　不同调节参数 λ_L 所对应的广义 s 变换结果

(a) $\lambda_G=2$，$\lambda_L=1$　(b) $\lambda_G=2$，$\lambda_L=0.4$　(c) $\lambda_G=2$，$\lambda_L=0.2$　(d) $\lambda_G=2$，$\lambda_L=0.15$

7.3.1.2　广义 s 变换识别实测探地雷达资料的层位

下面研究某一湖区实测探地雷达资料。测量时，天线中心频率选用 150MHz，采用的时间窗口为 500ns，采样点数为 512。总的记录道数为 141 道，其中第 90 道记录如图 7-3-5 所示，图 7-3-6 为 s 变换结果。

图 7-3-7 为第 90 道数据的广义 s 变换，其调节参数分别为 $\lambda_G=2$，$\lambda_L=0.5$ 和 $\lambda_G=5$，$\lambda_L=0.5$。

对比分析图 7-3-6 和图 7-3-7，从广义 s 变换结果中可以看出：①105~135 采样点间的回波信号被更精细地划分为两部分，前一部分信号的中心频率（相对于直达波的中心频率）有明显提升，而后一部分信号的中心频率变化不大，以此表明，105~135 采样点间的回波信号对应的地下介质划分为两部分，前一部分对应的是湖底淤泥沉积序列，后一部分对应的是沉积序列底部的独立反射层。②经过广义 s 变换（取）后，回波信号在时频平面内的能量分布沿时间方向上变窄，时间分辨率在增大，这一点也可以从频率切片分析结果中得到印证。

对比分析图 7 - 3 - 8（a）和图 7 - 3 - 8（b），反射回波信号清晰，能量分布沿时间方向上细窄，可以更精细地确定层位的厚度和深度信息。

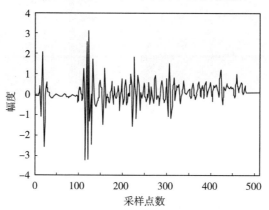

图 7 - 3 - 5　实测探地雷达资料第 90 道记录

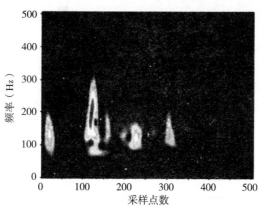

图 7 - 3 - 6　第 90 道记录的 s 变换结果

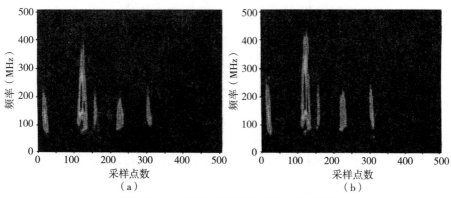

（a）　　　　　　　　　　　　　　　（b）

图 7 - 3 - 7　第 90 道记录的广义 s 变换结果

（a）$\lambda_G = 2$，$\lambda_L = 0.5$　　（b）$\lambda_G = 5$，$\lambda_L = 0.5$

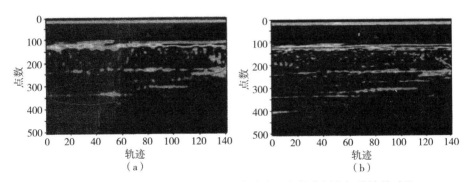

图 7-3-8　实测探地雷达资料变换与广义 s 变换的频率切片结果对比

（a）实测探地雷达资料 s 变换的频率切片结果　　（b）实测探地雷达资料广义 s 变换的频率切片结果

7.3.2　自动钻进系统的钻具振动去噪技术

7.3.2.1　垂直钻进系统的基本概念

钻探是地质工程中一个常用的技术手段。在早期的钻探工作中，根据地质师确定的钻孔坐标和钻孔深度，司钻人员操作钻机实施整个钻进工程。由于钻进地域地质体的不均匀，使得钻进过程中的钻具不是时时绝对垂直向下，钻进轨迹不是一条理想的垂直线，而是一条弯曲的钻孔，其钻进终点可能与设计靶心有着相当的距离。因此，时时掌握钻进参数，及时控制钻进轨迹是钻探工程追求的目标。

自动垂直钻井是一种能实时防斜、主动纠斜、提高钻井速度的钻井技术，一般垂直钻进系统如图 7-3-9 所示，地面有钻机平台，钻进动力与手动控制

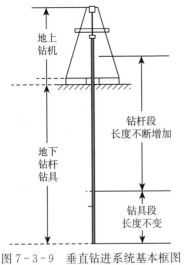

图 7-3-9　垂直钻进系统基本框图

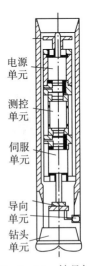

图 7-3-10　钻具结构

设备，钻杆装卸设备，随钻测试显示设备等，地下有钻杆和钻具；钻具结构如图 7-3-10 所示，钻具内有发电机单元、测试单元、伺服单元、导向单元和钻头单元等，其中，测控单元内安装了测斜传感器和处理器信号处理模块。

在钻进时，地面钻机平台的钻机动力设备通过钻杆为钻具前端的钻头提供向下的钻压和水平旋转力进行岩石切削钻进，钻具内发电机给充电电池充电，为测控单元和伺服单元的电磁阀提供工作电源，测斜传感器检测钻具的姿态，处理器信号处理模块计算井斜角和高边工具面角，根据表 7-3-1 所示的井斜控制策略，通过如图 7-3-11 所示的合适的导向单元产生一个合力矢量指向重高边工具面，改变钻进方向，保证钻机的垂直方向钻进。另外，测控单元存储钻进姿态与参数，并与地面上的随钻测试显示设备保持通信联系，使之成为一个闭环的智能垂直钻进系统。

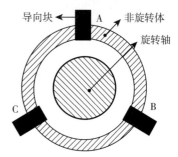

图 7-3-11　三导向块示意图

表 7-3-1　井斜角超标时垂钻控制策略

高边工具面角	导向块 A	导向块 B	导向块 C	集中导向力角
330°~30°	伸出	缩回	缩回	0
30°~90°	伸出	伸出	缩回	60
90°~150°	缩回	伸出	缩回	120
150°~210°	缩回	伸出	伸出	180
210°~270°	缩凹	缩回	伸出	240
270°~330°	伸出	缩回	伸出	300

井斜角传感器内的重力加速度 g 在三轴加速度计上的三个分量分别为 g_x、g_y、g_z。z 轴沿具轴线方指向钻头一端，则井斜角 α 的计算公式为

$$\alpha = \arctan \frac{\sqrt{g_x^2 + g_y^2}}{g_x} \qquad (7-3-14)$$

工具面角 θ 为 x 轴与高边夹角，其计算公式为

$$\theta = \arctan\left(\frac{g_y}{-g_x}\right) \qquad (7-3-15)$$

自动纠斜流程如图 7-3-12 所示。

有关文献报道过自动垂直钻进系统的钻进轨迹，如图 7-3-13 所示。两口不同的孔井，在 365~2 053m 之间，一口井采用垂直钻进的最大井斜小于 1°，另一口井采用普通钻进的最大井斜超过 2.5°。

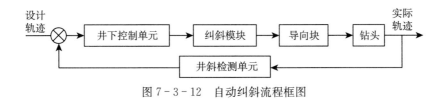

图 7 - 3 - 12　自动纠斜流程框图

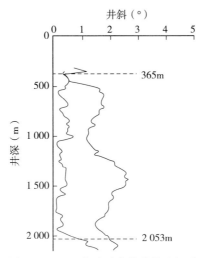

图 7 - 3 - 13　自动垂直钻进轨迹记录

7.3.2.2　钻进过程的信号处理

在钻进过程中，钻具处于振动状态，测斜传感器的输出信号中除了加速度三分量信号等有效信号外，还包含许多振动噪声。这些噪声的幅度大，频率高，时间短。针对有效信号和干扰信号的上述特征，采取如图 7 - 3 - 14 所示的数字信号处理方案，对三轴加速度采样信号进行处理。

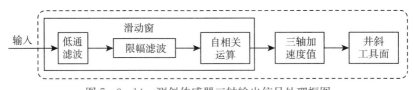

图 7 - 3 - 14　测斜传感器三轴输出信号处理框图

首先采用低通数字滤波器滤除高频分量，然后对信号进行限幅滤波处理，消除信号序列中冲击信号的干扰。最后采用自相关运算处理信号序列。自相关法从噪声中恢复有用信号的计算式为

$$R(k) = \frac{1}{N}\sum_{n=1}^{N}x(n)x(n-k), k = 1,2,\cdots$$

式中，$R(k)$ 为自相关函数值；N 为信号序列长度；$x(n)$ 为信号序列。

（1）随机振动的试验分析。

将传感器模块安装在振动台上，记录该位置静态井斜为 0.819°，工具面为 150.5°。设定振动台三轴以有效值为 1g 的加速度进行随机振动，试验结果如图 7 - 3 - 15 和图 7 - 3 - 16 所示。图 7 - 3 - 15 中，上面为采集的原始数据，下面为处理后的数据。结果显示，在随机振动下，处理后的 x、y 轴微小分量稳定在 0.012g 和 0.007g 左右，稳态井斜值为 0.82°，而稳态工具面为 149.0°～150.5°，与静态工具面最大相差 1.5°，工具面测量误差满足要求。

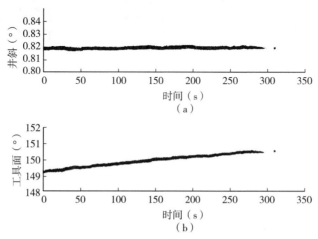

图 7 - 3 - 15　随机振动情况下的井斜角与工具面角

（a）井斜　（b）工具面

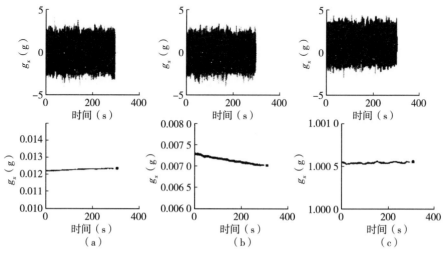

图 7 - 3 - 16　随机振动情况下测斜传感器三轴输出信号

（a）x 轴　（b）y 轴　（c）z 轴

（2）强振动的试验分析。

为了进一步检验该动态测量方法的效果，将从实际生产井中以 6 677Hz 的采样率随钻采集得到的振动数据输入到振动台作为振源信息，模拟井下强振动和冲击工况。将传感器模块固定，记录静态井斜、重力工具面分别为 0.05° 和 80.20°，试验结果如图 7-3-17 和图 7-3-18 所示。

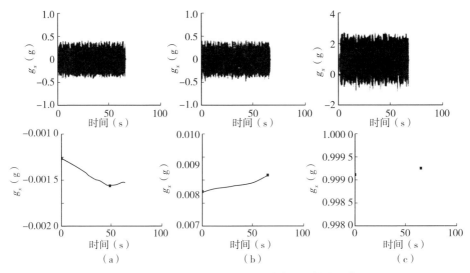

图 7-3-17 强振动情况下测斜传感器三轴输出信号

（a）x 轴 （b）y 轴 （c）z 轴

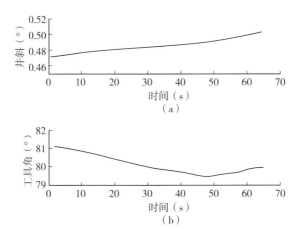

图 7-3-18 强振动情况下的井斜角与工具面角

（a）井斜 （b）工具面

试验结果显示，在经过算法处理后，x 轴，y 轴微小分量稳定在 -0.001 5g 和 0.008 0g 左右，稳态井斜值为 0.47°~0.500°，稳态工具面为 79.50°。试验结果表明，该方案能够在实钻强振动环境中得到稳定精确的井斜和重力工具面，与常规测量方案相比，其精度和实时性均有较大的提升。

（3）冲击振动的试验分析。

为了进一步检验该方案在冲击环境中的表现，给振动台输入另一组井下采集信号。该组振动数据主要表现为冲击信号特征，试验结果如图 7-3-19 和图 7-3-20 所示。图 7-3-19 中上面为采集的原始数据，下面为处理后的数据。

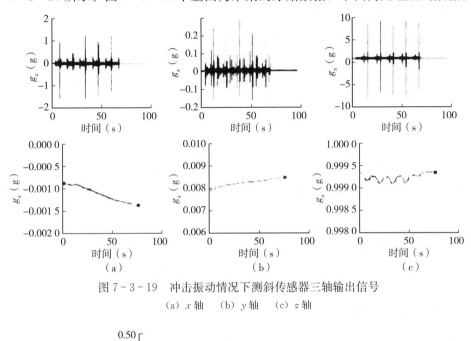

图 7-3-19　冲击振动情况下测斜传感器三轴输出信号

（a）x 轴　（b）y 轴　（c）z 轴

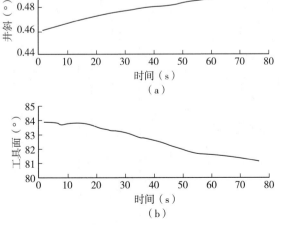

图 7-3-20　冲击振动情况下的井斜角与工具面角

（a）井斜　（b）工具面

在这组试验中，静态井斜和工具面分别为 0.49°和81.30°，传感器模块采集信号并经过算法处理之后，稳态井斜值为 0.46°～0.49°，稳态工具面为 81.00°～83.80°，稳态工具面与静态的最大差值为 2.500°。

试验结果表明，所提供的动态测量方案在冲击环境中同样有较好的表现，能够有效降低冲击干扰带来的不利影响。

7.3.3　随钻测量泥浆信号的噪声处理

7.3.3.1　泥浆压力波信号与噪声干扰分析

目前的钻进工程除了浅层的非开挖水平钻进，还有深层的垂直钻进和大尺度定向旋转钻进等几种类型。在这些钻进过程中，井底的钻具和地面的钻进检测控制设备之间的通信问题是一个极为重要的问题。

井底的钻具中的检测控制单元采集各种钻进参数，并根据钻进要求产生各种钻进控制动作，与此同时，又将钻进参数和控制动作通过特殊信道上传地面的钻进检测控制设备，反之，地面的钻进检测控制设备通过特殊信道下传各种钻进指令实施钻进过程的最优控制。

在目前的深层随钻测量系统中，井下地面之间的信号传输最普遍方式是以泥浆作为传输介质的无线传输方式，如图 7-3-21 所示。井底信号收发装置中的信号发生器将井底钻进参数（如井下的压力、井斜、温度、工具面角、转速和方位等）和控制动作变成泥浆压力波信号上传到地面泥浆传感器；地面信号收发装置中的控制器将控制信号通过泥浆泵变成泥浆压力波下传至井底信号收发装置的泥浆传感器。

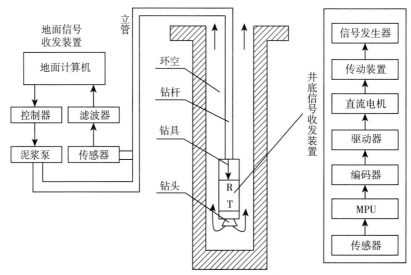

图 7-3-21　随钻测量系统示意图

压力正脉冲信号是通过电磁阀控制正脉冲信号发生器中的节流阀门产生的。电磁阀控制阀门改变泥浆的流通量，随着泥浆流通量的减少而增加，从而产生一个正压力脉冲信号。图 7 - 3 - 22 是其工作原理示意图。

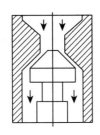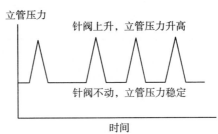

图 7 - 3 - 22　正脉冲发生器工作原理图

泥浆脉冲信号在传输过程中会受到传输介质及周围环境的影响，地面压力传感器所接收的信号中不可避免会夹杂很多噪声干扰。

一般情况下，泥浆泵工作良好时，井口采集的信号如图 7 - 3 - 23 所示（简称信号 1）。如果泥浆泵工作时出现故障，就有可能产生噪声，如图 7 - 3 - 24 所示是井口采集的含噪声和干扰的信号（简称信号 2）。

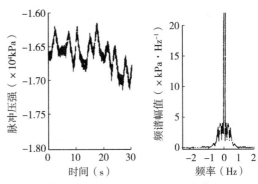

图 7 - 3 - 23　含高频噪声的信号 1

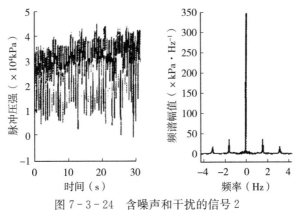

图 7 - 3 - 24　含噪声和干扰的信号 2

7.3.3.2　压力波信号的线性与非线性滤波

实际采样的泥浆压力波信号的频谱分布如图 7 - 3 - 25 所示。从图 7 - 3 -

25（a）中可见，信号和噪声的频谱不重叠，便可以调整线性滤波器的通带频率、滤波阶数，用带通或者低通的办法将信号提取出来。如图7-3-25（b）所示，信号和噪声及干扰的发生交叠，这样就无法将信号提取出来，必须考虑非线性滤波方法。

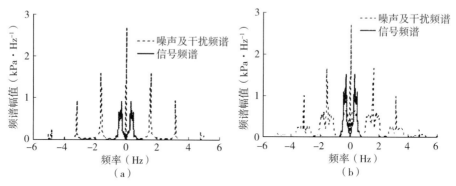

图7-3-25　信号与噪声干扰频谱分布的两种情况

（a）信号及噪声频谱未重叠　（b）信号及噪声频谱重叠

（1）线性滤波方法。

对于信号1，首先对原始信号进行低通处理，剔除高频信号，同时对原始信号进行特定采样点数的平滑，得到信号中低频噪声，再将得到的两个信号相减，便可剔除低频和高频噪声干扰，初步提取出信号。再对信号低通、负值截平处理，得到钟形脉冲，最后进行方波复原，截取静态同步字部分如图7-3-26所示，其脉位信息如表7-3-2所示。

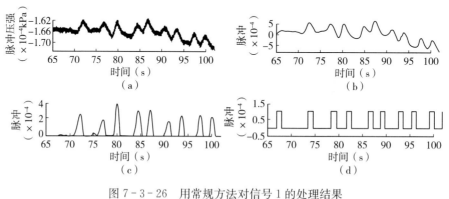

图7-3-26　用常规方法对信号1的处理结果

（a）原始信号　（b）初步处理信号　（c）处理所得钟形脉冲　（d）方波脉冲信号

对于信号2，按照常规线性处理方法，截取静态同步字的脉位信息最优结果，如表7-3-3所示。显然，通过调整滤波参数，得到最佳结果的第2个脉冲位置间距为6.61s，超出$3×2±0.5$的范围；第8个脉位为5.58，也不在$2.5×2±0.5$的范围，不满足解码误差的要求。因此，很难用线性滤波方法将信号2中的信号正确地提取出来。

表7-3-2 信号1脉位信息

序号	理论值	滤波结果	误差（%）
1	10	9.953 1	0.47
2	6	6.109 4	1.82
3	9	8.984 4	0.17
4	5	5.125 0	2.50
5	8	7.718 8	3.52
6	5	5.390 6	7.81
7	8	7.812 5	2.34
8	5	5.062 5	1.25

表7-3-3 信号2脉位信息

序号	理论值	线性滤波	误差（%）
1	10	9.67	3.30
2	6	6.61	10.17
3	9	8.73	3.00
4	5	5.20	4.00
5	8	7.92	1.00
6	5	4.94	1.20
7	8	7.58	5.13
8	5	5.58	11.60

（2）基于"平顶消除"的非线性滤波方法。

信号处理过程拟采用基于"平顶消除"的非线性滤波处理。经过该项处理后，剔除了原始信号中的尖峰噪声，将处于信号频谱区域的干扰噪声减小或者删除。信号"平顶消除"后再采用处理信号1的常规线性滤波方法进行处理。处理前后的频谱对比如图7-3-27所示。进行"平顶消除"的非线性滤波方法处理后，频率为$0.1\sim0.5\text{Hz}$信号的强度显著增大，剔除了高频噪声，有效抑制了低频干扰噪声。

（3）现场解码结果及分析。

采用信号2滤波结果截取静态同步字部分如图7-3-28所示，对应脉位位置及误差如表 7-3-4 所示。由表 7-3-4 可知，信号 2 经过"平顶消除"处理后，脉冲复原位置最大误差为 3.71%，每个脉冲位置误差都明显小于常规线性滤波方法，所以利用该方法得到了正确的静态同步字信息，可以大大降低数据通信误码率，得到较为理想的解码结果。

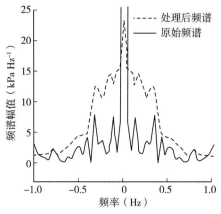

图 7-3-27　信号处理前后频谱对比

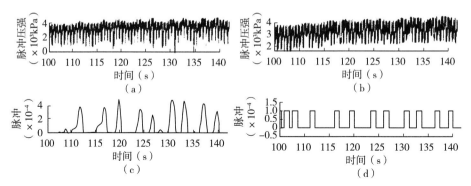

图 7-3-28　用常规方法对信号 2 的处理结果

（a）原始信号　（b）初步处理信号　（c）处理所得钟形脉冲　（d）方波脉冲信号

表 7-3-4　"平顶削除"方法处理后信号 2 脉位信息

序号	理论值	新方法处理	误差（%）
1	10	9.906 3	0.94
2	6	6.187 5	3.13
3	9	8.796 9	2.26
4	5	5.046 9	0.94
3	8	8.078 1	0.98
6	5	4.937 5	1.25

（续）

序号	理论值	新方法处理	误差（%）
7	8	7.703 1	3.71
8	5	5.121 9	2.44

7.3.3.3　压力波信号的自适应滤波

这里给出另一从实际井场采集的泥浆压力波信号，如图 7-3-29 所示。泵冲噪声具有能量高、周期性和与原始信号重叠频谱等特点，线性滤波器无法消除噪声干扰提取出有用信号，因此采用自适应噪声对消技术恢复原始信息。

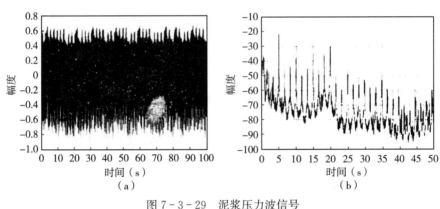

图 7-3-29　泥浆压力波信号

（a）时域分析　（b）频域分析

（1）自适应噪声对消原理。

令 $d(t)$ 为发送的源信号，$s(t)$ 为周期性泵冲信号，$n(t)$ 为高斯白噪声信号，则输入信号为

$$y(t) = d(t) + s(t) + n(t) \qquad (7-3-16)$$

其中，$s(t)$ 为周期性信号，其周期为 T，则 $s(t) = s(t+T)$。

将输入信号 $y(t)$ 延时得到预测信号 $\vec{x}(t)$，即 $\vec{x}(t) = y(t-n)$。预测信号与自适应滤波器参数相乘得到输出 $\tilde{y}(t) = \vec{w}^H(t-1)\vec{x}(t)$，其中，$\vec{w}(t)$ 为滤波器参数，H 为复共轭转置。误差函数 $e(t)$ 为：$e(t) = y(t) - \tilde{y}(t)$，将其化简得

$$e(t) = d(t) + n_0 - \tilde{y}(t) \qquad (7-3-17)$$

式中，n_0 为噪声信号，包括泵冲噪声和高斯白噪声。将式（7-3-17）两边取平方，求均值得

$$E[e^2(t)] = E[d^2(t)] + E\{[n_0 - \tilde{y}(t)]^2\} - 2E\{d(t)[n_0 - \tilde{y}(t)]\}$$
$$(7-3-18)$$

由于噪声干扰信号与源信号不相关，有 $E\{d(t)[n_0-\tilde{y}(t)]\}=0$，于是得到

$$E[e^2(t)]=E[d^2(t)]+E\{[n_0-\tilde{y}(t)]^2\} \quad (7-3-19)$$

调节滤波器参数，使 $e^2(t)$ 最小化，因源信号能量 $E[d^2(t)]$ 固定，则最小输出能量为

$$E_{\min}[e^2(t)]=E[d^2(t)]+E_{\min}\{[n_0-\tilde{y}(t)]^2\} \quad (7-3-20)$$

滤波器输出 $\tilde{y}$ 是噪声 n_0 的最小方差估计。当 $E\{[n_0-\tilde{y}(t)]^2\}$ 为最小化时，$E\{[e(t)-d(t)]^2\}$ 为最小，于是有 $e(t)-d(t)=n_0-\tilde{y}(t)$，输出误差 $e(t)$ 为源信号 $d(t)$ 的最小方差估计。当输出误差 $e(t)=d(t)+n_0-\tilde{y}(t)$ 时，输出功率的信噪比最大化。这是自适应滤波的理想情况。

通过改变滤波器的权值，使其满足均方误差（MSE），根据最小均方算法可得滤波器系数为

$$\vec{w}(t)=\vec{w}(t-1)+2ue\vec{x}(t) \quad (7-3-21)$$

式中，$\vec{w}(t)=\{w_0(t),w_1(t),w_2(t),\cdots,w_{N-1}(t)\}$，$N$ 为自适应滤波器的长度，u 为调整因子，$u=1/q(L+1)$，其中，$L+1$ 为全部输入信号的功率之和，q 也为调整因子，它可根据实际需要调节快慢，从而改变收敛速度大小。

（2）自适应噪声对消流程。

根据自适应噪声对消原理，自适应滤波器的输入信号为泥浆压力波信号，包括源信号、泵冲噪声和其他噪声，参考输入端为泵冲噪声。由于泵冲噪声具有周期性，将其延迟可当做相关噪声和干扰。横向滤波器的参数调节输出以原始输入端的噪声对消为目的，这时误差输出就是去除泵冲噪声的恢复信号。

在图 7-3-30 中，$y(t)$ 为现场采集的泥浆压力波信号，根据上述自适应噪声对消方法可知，系统输出 $e(t)$ 即为对消泵冲噪声后的源信号。

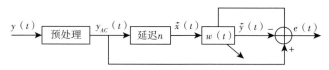

图 7-3-30 自适应噪声对消流程

（3）采样信号处理及分析。

泥浆压力波信号时域如图 7-3-31（a）所示，根据自适应噪声对消选取参数，对消处理后，得到的信号时域如图 7-3-31（a）所示，处理后信号的频谱分布如图 7-3-31（b）所示。

噪声对消后，能量大的泵冲噪声得到了抑制，源信号频率集中在 0.5Hz

左右，放大 0.5Hz 附近泥浆压力波信号频谱，如图 7 - 3 - 32（a）所示，信号经对消后的频谱如图 7 - 3 - 32（b）所示。

将自适应噪声对消后的信号再通过一个低通滤波器滤除高斯白噪声，得到最终处理后的恢复信号，如图 7 - 3 - 33 所示，采集的钻井液压力脉冲信号，如图 7 - 3 - 33 所示。

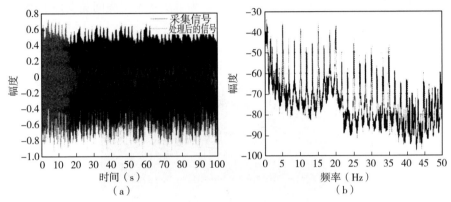

图 7 - 3 - 31　经自适应滤波后的信号

（a）处理前、后时域对比　　（b）频谱分布

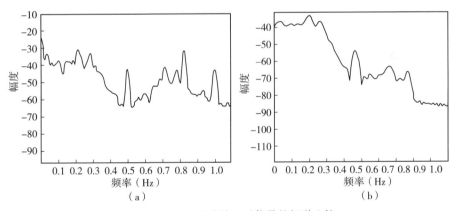

图 7 - 3 - 32　对消前、后信号的频谱比较

（a）对消前　　（b）对消后

从图 7 - 3 - 33 可见，通过自适应噪声对消和低通滤波器处理后得到的恢复信号，已经能够明显地看出为曼彻斯特码。该方法能在误差允许范围内恢复出正确的码元信息，误码率低，而且过程简单，效果良好，满足工程应用要求。

广义 s 变换在探地雷达地层识别中的应用、自相关算法在垂直钻进工程井斜信号检测去噪方面的应用，以及线性与非线性滤波和自适应滤波在泥浆压力波信号去噪方面的应用仅仅是众多的数字信号处理在地学工程中应用的三个实例。

地学工程是数字信号处理的一个重要的应用领域，很多地学类的研究方法推动和丰富了数字信号处理的理论研究和实际应用，例如，20世纪80年代的小波分析就是法国科学家Grossman和Morlet在进行地震信号分析时提出的，目前，小波分析方法应用于许多工程领域，为解决各类工程问题发挥了极其重要的作用。

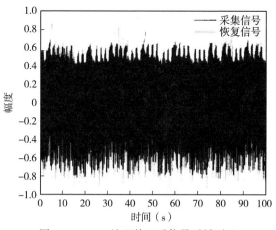

图7-3-33　处理前、后信号时域对比

在实际的工程应用中，信号处理必须与工程问题相联系，需要明确实际工程中的各种物理参数和信号参数有着怎样的联系，这些信号参数具有怎样的时域特性和频域特性，如何反映实际各类物理系统的基本状态，在信号处理中，如何获取这些参数的各类特性，不仅需要信号处理的基本理论和方法，同时需要更为深入的信号分析知识。

图书在版编目（CIP）数据

数字信号处理及应用研究/郭俊美著．—北京：
中国农业出版社，2021.10
　　ISBN 978-7-109-27666-6

　　Ⅰ．①数…　Ⅱ．①郭…　Ⅲ．①数字信号处理　Ⅳ．
①TN911.72

　　中国版本图书馆 CIP 数据核字（2020）第 255579 号

中国农业出版社出版

地址：北京市朝阳区麦子店街 18 号楼
邮编：100125
责任编辑：李昕昱　王　珍
版式设计：李　文　责任校对：吴丽婷
印刷：北京中兴印刷有限公司
版次：2021 年 10 月第 1 版
印次：2021 年 10 月北京第 1 次印刷
发行：新华书店北京发行所
开本：700mm×1000mm　1/16
印张：13.25
字数：240 千字
定价：40.00 元
